Xiang YangLan
Yiyang Jingying
Xingfu Rensheng

像杨澜一样经营幸福人生

穆清 / 编著

中国物资出版社

图书在版编目（CIP）数据

像杨澜一样经营幸福人生/穆清编著．—北京：中国物资出版社，2011.3

ISBN 978-7-5047-3685-7

Ⅰ.①像…　Ⅱ.①穆…　Ⅲ.①杨澜—生平事迹 ②人生哲学—通俗读物　Ⅳ.①B825.42 ②B821-49

中国版本图书馆 CIP 数据核字（2010）第 257020 号

策划编辑　彭　茜

责任编辑　彭　茜

责任印制　方朋远

责任校对　孙会香　梁　凡

中国物资出版社出版发行

网址：http://www.clph.cn

社址：北京市西城区月坛北街 25 号

电话：（010）68589540　邮政编码：100834

全国新华书店经销

北京京都六环印刷厂印刷

开本：710mm×1000mm　1/16　印张：15　字数：209 千字

2011 年 3 月第 1 版　2011 年 3 月第 1 次印刷

书号：ISBN 978-7-5047-3685-7/K·0051

印数：00001—10000 册

定价：29.80 元

【前 言】 Preface

形容女人可以用很多词语：漂亮、优雅、温柔、大方……但是对有些女人来说，这些词语都未免显得苍白，就像杨澜。很少能有女人可以像她一样，占据我们记忆这么多年，也很少能有人像她一样，把平凡的日子过得如此耀眼。

翻开杨澜的人生履历，一个个耀眼夺目的头衔让人眼花缭乱：资深电视节目主持人，阳光媒体投资集团创始人，阳光文化基金会董事局主席，散文集《凭海临风》销量超过50万册，曾被评选为"亚洲二十位社会与文化领袖"、"能推动中国前进、重塑中国形象的十二位代表人物"、"《中国妇女》时代人物"……这些荣誉与成就，就像一个个小亮点，堆聚在杨澜身上，使得她如此光芒四射。正如美国第一新闻主持人、哥伦比亚广播公司的丹·拉瑟对杨澜的评论："光彩照人，令人难以忘怀。"在大多数人眼里，杨澜的成功就像一个美好的童话故事：考上了好大学，找到了好工作，嫁给了好丈夫，生了好儿女，开创了好事业，所谓幸福的人生不过如此。

但当有记者问道："你觉得自己成功吗？"杨澜的答案里却丝毫没有提到她所拥有的令人羡慕的一切，她说："我记得1990年我大学毕业，那时候我们都用手动打字机打论文。后来，一个毕业的留学生给了我一台286的电脑。有一次，也是打论文，打到凌晨三四点钟时，死机了，内容也没存盘，我就哭了，这篇文章第二天要交的，而且前面写过的东西都想不起来了。当时就觉得末日到了一样，但还是要擦干眼泪重新写出来。这个经历对于我来说非常珍贵。我一直觉得我做到现在全靠我的意志力，我不会承认失败，在这一点上，我觉得我很成功。”在杨澜看来，那些名誉、头衔和财富都算不得成功，人生当中真正令她看重的是一个人经历风雨后练就的坚韧不拔的意志力。

人生是一个深沉又浅显、古老而常新的话题。关于人生的解读，不同的人有不同的看法，我们可能都想过：怎样的人生才算幸福？这仅有一次的生命我们该怎样度过？幸福是个如此激动人心的字眼，我们每个人都在渴望着幸福，但究竟怎样才算得上幸福，答案没有固定的标准。人生是一道多解题，每个人都有自己的理解。按自己的方式生活，追求自己最想要的，做不可替代的自己，方不辜负这仅有一次的人生。

人生没有标准，榜样却有无穷的力量。就让我们跟随杨澜的脚步，见证她成功路上的精彩与磨难，聆听她最真实的人生感悟，重新审视自己的人生，找到正确的位置，拥有属于自己的幸福，更好地实现自己的人生价值。

编　者

2010年10月

【目　录】

Contents

第一篇

关于人生的解读，幸福是最佳的标注

第二篇

在命运的咏叹调中奏响生命最华美的乐章

第二篇 成功路上的精彩与磨难

第四篇 “爱情和家庭，是我最幸福的满足”

第五篇

幸福的人生，是震荡后找到新的平衡

第六篇
做真实的自己，过想过的生活

第一篇

关于人生的解读，幸福是最佳的标注

人生是一个深沉而又浅显、古老而又常新的话题。关于人生的解读，不同的人有不同的看法，我们可能都想过：怎样的人生才算成功？这仅有一次的生命我们该怎样度过？

Chapter 1

人生是道多解题，答案就在你手里

我们都曾这样想：怎样的人生才算成功

成功是个如此激动人心的字眼，我们每个人都在渴望着成功，对一个人最终最好的评价莫过于说他的一生是成功的一生。那么究竟怎样的人生才算成功呢？相信很多人都曾有过这样的疑问，但答案却没有固定的标准。

杨澜在回忆大学生活时曾说道："那是个各种思想杂乱并列的年纪，是认真地思考，也认真地痛苦着的年纪。但归根结底，是个相信至爱至纯的理想主义时代，瞧不起功利，相信不懈的努力就会带来成功，相信最大的成功不是世俗的承认，而是品尝人生的一切，最后达到心灵的安详。这么多年后，我基本还是这样一个人。不是说我做到了这些，而是说我还是坚信这些。这是件幸运的事，我希望今生都能如此。"

我们可以看出，杨澜对人生、对成功有着自己的看法，她把历经风雨后心灵的安详视为人生最大的成功。说到底，成功的人生是一种内心的感觉，一种让我们感觉踏实、安宁、舒适的体验。它不取决于名誉，不取决于地位，更不取决于金钱，它像阳光一样公平地照在每一个人的身上，只要有心，就能感觉得到。我们把这种美好的感觉叫做幸福。

在繁华的城市中，每天都会有许多人在忙碌中匆匆寻找着自己的方向。一位哲人说，由古至今，人类文明的延伸，唯一的动力和目的即是追求幸福。关于幸福，每个人有着不一样的体验。尽管每个人的人生际遇不同，但命运对每个人都是公平的。外面的世界有泥泞也有星空，就看你能否用自己的心，透过岁月的风尘寻觅到辉煌灿烂的星空。

当今社会，科技的迅猛发展迫使人们的工作、生活节奏越来越快，压力也越来越大。在紧张的劳碌中，人们的心灵变得疲惫和脆弱不堪。人们在享受日新月异的物质文明的同时，也面临着时尚、奢华的魅惑，于不断地攀比、盲从中，逐渐地迷失了本性、丧失了自我，心灵被重重烟尘所覆盖，再难寻见往昔的纯净与安宁。渐渐地，人们开始忘记了生活的本意，也忘记了享受该有的幸福。

其实，尽管每个人的幸福不同，但幸福并不是世间的稀缺品，它如同阳光普照大地，惠及万物生灵。它又似一杯透明的水，虽淡然无味，口渴之人却能品咂出其中的甘甜。许多时候，只需换一种心情、换一个角度，本来索然无味的事也许会变得精彩无比。

海伦·凯勒又盲又聋，但是怀揣梦想，积极地走向通往成功的路；贝多芬生活坎坷，但他扼住了命运的咽喉，矢志不渝地成就着自己的梦想。

有些人，他们没有留下名字，他们没有惊心动魄的故事，但是他们同样怀着追逐幸福的梦，走在追逐幸福的路上，他们的人生同样是成功的人生。

无数人的幸福，归结为生活；无数人对幸福的追求，归结为人生。关于人生的解读，唯有幸福堪称是最佳的标注。

如何才不枉费这仅有一次的人生

杨澜与先生吴征是一对恩爱的夫妻，灵魂的伴侣。吴征曾说自己就是一艘船，而杨澜就是自己的港湾。他曾对杨澜说："我一直像个水手，浪迹天涯，从一个目的地驶向另一个目的地，几乎没有一刻停歇。一开始是为了生存，后来是为了更舒适、更有保障的生活，再后来是为了证明一个黑头发、黑眼睛、黄皮肤的男孩有能力凭智慧和勤奋在金发碧眼的地盘上取得成功，赢得真正的尊重，甚至钦佩。"不到30岁的他，把这一切都做到了。然后呢？

"我才知道，原来这些都不是我真正想要的东西。人生最宝贵的是感情，它似乎看不见、摸不着，却是世界上最实在、最可靠的。有了它，航行就有了意义，至于具体驶向哪个港湾，其实并不那么重要。"吴征这样对杨澜说。

的确如此，明白自己真正想要的东西是什么，并为之而奋斗，如此才不枉费这仅有一次的人生。英国哲学家伯兰特·罗素说过："动物只要吃得饱，不生病，便会觉得快乐了。"人也该如此，但大多数人并不是这样。很多人忙碌于追逐事业上的成功而无暇顾及自己的生活。他们在永不停息的奔忙中忘记了生活的真正目的，忘记了什么是自己真正想要的。这样的人只会看到生活的烦琐与牵绊，而看不到生活的简单和快乐。

人之一生，背负的东西太多太多，钱、权、名、利，都是我们想要的，一个也不想放下，压得我们喘不过气来。人生中有时我们拥有的内容太多太乱，我们的心思太复杂，我们的负荷太沉重，我们的烦恼太无绪，诱惑我们的事物太多，大大地妨碍我们，无形而深刻地损害我们。生命如舟，载不动太多的欲望，怎样使之在抵达彼岸时不在中途搁浅或沉没？我们是否该选择轻载，丢掉一些不必要的包袱，那样我们的旅程也许会多一份从容与安康。正像杨澜说的："有时候，环境给人相当大的压迫感，这时候，你一方面要寻求突破，另一方面，你心里要清楚你要的是什么。"

我们的人生要有所获得，就不能让诱惑自己的东西太杂太多，不能让努力的方向过于分叉。我们要简化自己的人生，经常有所放弃，要学会经常否定自己，把自己生活中和内心里的一些东西断然放弃掉。

仔细想想你的生活中有哪些诱惑因素，是什么一直干扰着你，让你的心灵不能安宁，又是什么让你坚持得太累，是什么在阻止着你的快乐。把这些让你不快乐的包袱通通扔弃。只有放弃我们人生田地和花园里的这些杂草害虫，我们才有机会同真正有益于自己的人和事亲近，才会获得适合自己的东西。我们才能在人生的土地上播下良种，致力于有价值的耕种，最终收获丰硕的粮食，在人生的花园采摘到绚丽的花朵。

所以，仔细想想你在生活中真正想要的是什么。认真检查一下自己肩上的背负，看看有多少是我们实际上并不需要的，这个问题看起来很简单，但是意义深刻，它对成功目标的制订至关重要。

要得到生活中想要的一切，当然要靠努力和行动。但是，在开始行动之前，一定要搞清楚，什么才是自己真正想要的。要打发时间并不难，随便找点什么活动就可以应付，但是，如果这些活动的意义不是你设计的本意，那你的生活就失去了真正的意义。你能否提高自己的生活品质，并且使自己满足、有所成就，完全看你能否决定自己真正需要什么，然后能不能尽量满足这些需要。

生活中最困难的一个过程就是要搞清楚我们自己究竟想要什么。大多数人都不知道自己真正想要什么，因为我们不曾花时间来思考这个问题。面对五光十色的世界和各种各样的选择我们更不知所措，所以我们会不假思索地接受别人的期望来定义个人的需要和成功，社会标准变得比我们自己特有的需求还要重要。

我们总是太在意别人的看法，以致我们下意识地接受了别人强加于我们的种种动机，结果，努力过后才发现自己的需求一样都没能满足。更复杂的是，不仅别人的意见影响着我们的欲望，我们自己的欲望本身也是变幻莫测的。它们因为潜在的需要而形成，又因为不可知的力量日新月异。我们经常得到过去十分想要的，而现在却不再需要的东西。

如果有什么原因使我们总是得不到自己想要得到的东西的话，这个原因就是你并不清楚自己到底想要什么。在你决定自己想要什么、需要什么之前，不要轻易下结论，一定要先做一番心灵探索，真正地了解自己，把握自己的目标。只有这样，你才能在生活中满意地前进。

杨澜的人生心得：做不可替代的自己

提到杨澜，总绕不过令她初露锋芒的节目《正大综艺》，它让杨澜第一次体味到了成名所带来的荣誉与困扰。“《正大综艺》刚播出，观众来信就像雪片似的飞来了。我从小没听过那么极端的赞美，也没有受过那么直截了当的批评。我虽然不会因为接到几封表扬信就沾沾自喜，但是被人家评头论足却真有点受不了，往往会因为一封批评信而沮丧一天。一会儿，有人来信说我笑得不够；一会儿，又有人来信说我笑得太多。一会儿，他们要求我多一点幽默；一会儿，又要求我别忘了东方女性的含蓄端庄。而我是多么希望满足每一个人的标准！我自问：‘我到底有没有天分？’”

就在杨澜陷入这样的困惑当中烦恼不已时，当时与她搭档主持的姜昆问了她一句话：“你有没有勇气做你自己？”杨澜老实地答道：“有时有，有时还缺点儿。观众的批评总不能置若罔闻吧？”姜昆说：“你首先应该放弃想讨好所有人的想法。先做你自己，然后再考虑那些批评到底有没有价值。有些人眼中的你的缺点，恰恰就是你的特点。中国看过的从一个模子里铸出来的人太多了，你别迫不及待地再去加入那个行列。”一语惊醒梦中人，杨澜从此学会理智地面对来自外界的评价，把更多的目光放在了自己的身上，努力经营自己，做最好的自己。

“保持本色的问题，像历史一样的古老，”詹姆斯·高登·季尔基博士说，“也像人生一样的普遍。”不愿意保持本色，正是很多精神和心理问题产生的潜在原因。安吉罗·帕屈在幼儿教育方面，曾写过13本书和数以千计的文章，他说：“没有比那些想做其他人和除他自己以外其他东西的人更痛苦的了。”在个人成功的经验之中，保持自我的本色及以自身的创造性去赢得一个新天地，是有意义的。你和我都有这样的能力，所以我们不应再浪费任何一秒钟，去忧虑我们不是其他人这一点。

每个人都是独一无二的，你应该为这一点而庆幸，应该尽量利用大自然所赋予你的一切。归根结底，所有的艺术都带着一些自传色彩，你只能唱你自己的歌，你只能画你自己的画，你只能做一个由你的经验、你的环境和你的家庭所造成的你。不论情况怎样，你都是在创造一个自己的小花园；不论情况怎样，你都得在生命的交响乐中，演奏你自己的小乐器；不论情况怎样，你都要在生命的沙漠上数清自己已走过的脚印。

玛丽·玛格丽特·麦克布蕾刚刚进入广播界的时候，想做一个爱尔兰喜剧演员，结果失败了。后来她发挥了自己的长处，做一个从密苏里州来的、很平凡的乡下女孩子，结果成为纽约最受欢迎的广播明星。

著名世界影星索菲亚·罗兰第一次踏入电影圈试镜时，摄像师抱怨她那异乎寻常的容貌，认为她的颧骨、鼻子太突出，嘴也太大，应当先去整容一下再试镜。她却说："我不打算削平颧骨、换个鼻子和嘴巴，尽管你们摄像师不喜欢灯光照在我脸上的样子。要解决这个问题，不是我去整容，而是你们要好好琢磨琢磨应当怎样给我拍照。我认为，如果我看上去与众不同，这是件好事。我的脸长得不漂亮，但长得很有特色。"这就是自信自爱、特立独行。

在每一个女人的成长过程中，她一定会在某个时候发现，羡慕是无知的，模仿也就意味着自杀。不论好坏，你都必须保持本色。个性是一笔财富，一个可爱的个性，会让你一辈子受益无穷。

你完全可以把巩俐当做心中的偶像，完全可以惊叹张璨创造的惊人财富，但你千万不可妄自菲薄，在心中小视了自己，尽管自己存在着这样那样的缺陷。或许你的形象比不上巩俐的娇美，或许你的财富和张璨比起来显得微不足道，但你大可不必东施效颦、自惭形秽，你的勤奋刻苦、你的自强不息，谁又能否认这是你人生的一大亮点呢?

有一句老话叫"尺有所短，寸有所长"，是很有道理的。她有她的优势，你有你的长处，没有必要拿自己和她去对照，更没有必要通过自己的有意对比给自己造成某种压力。个性就是特点，特点就是优势，优势就是力量，力量就是美。世界上所有珍贵的东西，都是不可仿制的，是绝无仅有的。我们所要做的，就是做最好的自己。

如今的杨澜早已褪去当初的青涩和迷茫，而成为电视传媒领域的一名佼佼者。2010年杨澜的阳光天女，签约了名模出身的李艾和她一起主持《天下女人》节目，记者们都称李艾是杨澜收的弟子，而作为"师傅"的杨澜却只说了一句话："李艾，做不可替代的自己！"

Chapter 2

人生的序位，你把自己摆在哪里

人生不是漫无目的地散步

荷马史诗《奥德赛》中有一句至理名言：“没有比漫无目的的徘徊更令人无法忍受的了。”一个具有明确生活目的和思想目标的女性，毫无疑问会比一个根本没有目标的女性更有作为。对于女性来说，知道自己想要干什么，并且明白自己能做什么，是事业成功的第一步。不甘于平庸的女人，必须有一个明确的追求目标，这样才能调动起自己的智慧，这样的女人才能走出成为强者的第一步。

杨澜就是这样一个对自己要追求的东西毫不含糊的人：“从告别《正大综艺》起，我一直在摸索自己下一步该怎么走。尽管思路时明时暗，但有一点是肯定的，那就是要跳出以往驾轻就熟的综艺类节目，向社会、文化类的专题节目发展，从单纯的主持向采访、报道、评论，全方位地介入节目制作过渡。所以留美期间，我除了补充知识外，特别选择了新闻专业，学了两年新闻写作、电视新闻、电视纪录片等一系列课程，我自感收获不小……”正是有了对目标明确的定位，杨澜在国外学到了许多自己一直想要的知识，提高了自己的专业素养，从而开创了事业的新天地。

但是很多女性却不清楚这一点。她们迷迷糊糊地上了大学，迷迷糊糊地参加了工作，又迷迷糊糊地结婚生子，这一辈子就在迷迷糊糊当中度过。这样迷糊的女人是永远不会取得事业的成功的。还有一些女人，她们有理想、有抱负，不甘心在家“相夫教子”，当“下海热”遍布全国时，她们就奋不顾身地下海；当出国风光时，就挤破头也要走出国门镀点金；当“公务员热”兴起时，她们又忙着考公务员……这种女人生活得忙忙碌碌，看似充实，实则毫无头绪。

所以，我们需要确立一个明确的目标。在开始奋斗之前，不妨先冷静地问一下自己：我究竟想干什么？世界上没有两片完全相同的叶子，也没有完全相同的两个人。认真做自己，就必须找到你与他人不一样的地方，即独特之处。而且这种发掘还不能靠他人，只能靠自己去寻找，因为谁也不会比你更懂得你自己。

一个炎热的日子，一群女工正在一个公司的车间工作，这时，几位高层领导的视察打断了她们的工作。几位领导中的一位女总裁走到车间主任刘欣的面前停了下来，对她说：“辛苦了，老刘！”然后，她们进行了简短而愉快的交谈。领导们离开后，刘欣的下属立刻包围了她，她们对于她是公司总裁的朋友感到非常惊讶。刘欣解释说，20多年以前她和总裁是在同一天开始在这个公司工作的。其中一个人半认真、半开玩笑地问她：“为什么你现在仍在车间工作，而她却成了总裁？”刘欣说：“20多年前我为每个月的工资而工作，而她却是为事业而工作。”

同样的起跑线，同为女人，却因为目标的不同，两个人的人生截然不同。事实告诉我们，如果你为赚钱而努力，那么你可能会赚到很多钱，但是如果你想干一番事业，那么你就有可能不仅赚到很多钱，而且干出一番大事业，得到自我满足，实现自我价值。总之，你必须要有自己明确的目标，甚至有点野心也无妨，找到了目标，你就成功了一半。你要知道自己要干什么，然后将这些目标付诸行动，这样你才能获得你想要的成功。

众所周知，目标的实现是一个循序渐进的过程，不可能一蹴而就，更不可能一步登天，它必须一步一个脚印、脚踏实地地去实现，因此可以说将自己的目标进一步分解细化，一步步地去实现每一个小目标，就是走向成功的重要步骤。中国古人云“不积跬步，无以至千里”，讲的就是这个道理。

1．找到一个正确的目标

你有没有看到过这样一群人：他们整日忙碌，却收效甚微；他们对自己所选择的工作兢兢业业，却最终一事无成？你也许会感到奇怪，为什么努力工作却得不到应有的回报？其实问题的症结在于——他们没有找到一个正确的目标。

制订目标很重要，但是如果目标不明确、方向很迷茫，那么就算付出再大的努力也无济于事，只会白白浪费时间和精力。

2．分解大目标

目标应该远大，才能激发你心中的力量。但是，如果目标距离我们太远，我们就会因为长时间没有实现目标而气馁，甚至会因此而变得自卑。所以我们实现大目标的最好方法，就是在大目标下分出层次，分步实现。就像杨澜一样，虽然对未来具体要做什么，心中还没有完整的构想，但她清楚自己当下要做的是什么，那就是补充知识，为未来打下坚实的基础。正如俗语所说：罗马不是一天建成的。我们应当将长期目标分解成一个个当前可实现的小目标，这样一步一个目标，最终就能顺利到达终点。

3．静下心来，定期修正自己的计划

欧洲有句著名的格言：“不容许修改的计划是坏计划。”人生的旅程是一个不断变换的景观，向前跨进，你就会看到不同的景观，再上前去，又是另一番景象。因此，我们要顺利达到自己的目的，就必须随时检视自己的选择是否产生了偏差，合理地调整目标，放弃无谓的固执，使自己能够轻松地到达目的地。

认识自己才能把握人生

“我是谁？”我们经常会问自己，却很少有人能给出一个确切的答案。拿破仑·希尔认为：随着科学技术的日益发展，我们不断地了解着世界，可我们对自身的探索却始终停滞不前。而一个人只有正确地认识自己，才能认识整个世界，也才能接受世间的一切。我们经常企图通过别人的评价来认识自己，可是，无论别人的推心置腹显得多么明智、多么美好，也只有你自己才是自己最好的知己。

另外，只有当你认识自己之后，你才能客观地评价和正确对待你自己的优点和缺点，你才能知道自己行为上的不足之处以及情感上的缺陷，你也才有方法来克服那些不足——取人之长，补己之短。一般情况下，陷入盲目的人，都是自己不了解自己的女人。一个连自己都不了解的女人，怎么可能去认识别人，又怎么可能去把握自己的人生呢？

如今无比精彩的杨澜，当初刚刚主持《正大综艺》时也是茫然的，当她第一次从电视上看到自己主持的节目播出时，紧张得手心捏出了冷汗——“我从未发现自己有那么多小毛病。比如，眨眼太多。”杨澜细细地观察自己每一次的出镜，记下每一个做得不够好的细节，然后努力地去纠正。就这样不断地观察，不断地纠正，很快地从杨澜的身上，观众们看到的就只是大方、亲切和睿智了。“我就这样走上了电视，做起了节目主持人。一开始，我认为这是个意外，但不久我就明白了：命中注定我就是干这一行的。”杨澜这样说过。在不断地认识自己的过程中，杨澜更加清楚地了解了自己的优缺点，正确地定位了自己，如此才有了日后在电视传媒领域大放异彩的杨澜。

有这样一则寓言故事：早晨，一只山羊在栅栏外徘徊，想吃栅栏内的白菜，可是进不去。因为早晨太阳是斜照的，所以山羊看到自己的影子很长很长。“我如此高大，一定能吃到树上的果子，不吃这白菜又有什么关系呢？”它对自己说。于是，它奔向很远处的一片果园。还没到达果园，已是正午，太阳照在头上，这时，山羊的影子变成了很小的一团。“唉，我这么矮小，是吃不到树上的果子的，还是回去吃白菜吧。”它对自己说。片刻之后，它又十分自信地说：“凭我这身材，钻进栅栏是没有问题的。”于是，它又往回奔跑。跑到栅栏外时，太阳已经偏西，它的影子重新变得很长很长。此时山羊很惊讶：“我为什么要回来呢？凭我这么高大的个子，吃树上的果子简直是太容易了！”山羊又返了回去，就这样直到黑夜来临，山羊仍旧饿着肚子。

这则寓言故事看似可笑，它却给我们诠释了一个深刻的道理：不能正确认识自我是很多人失败和痛苦的原因。正确认识自我，其中最重要的意义之一，就是要认清自己的能力，知道自己适合做什么、不适合做什么，长处是什么、短处是什么，从而做到有自知之明，最后在社会中找到自己恰当的位置。寸有所长，尺有所短，只有找准自己的位置，并充分发挥自己的聪明才智、挖掘自己的潜能，方能最大限度地实现自己的人生价值。

找到正确的位置，做好当做的事

作为当今中国最出色的女性之一，杨澜常常被问及她是如何做到这么优秀，从而取得了如此令人瞩目的成绩。杨澜说自己并非像人们想的那样有过人的天赋和才能，而是因为她找到了自己的比较优势，然后扬长避短，所以成就了自己。找到正确的位置，做好当做的事，所谓人生规划，简单来说就是如此。

刚刚走上社会时的杨澜，也同大多数年轻人一样，不知道自己能做好什么事情，对未来也感到迷茫，经过了最初的磨合及后来不断的实践摸索，她逐渐认识了自我。根据自己喜欢读书、喜欢思考，学习能力比较强，也比较容易和别人交流等特点，杨澜最终把自己定位为记者和访谈节目的主持人，事实证明，杨澜的定位是正确的。

富兰克林曾经说过："宝贝放错了地方便是废物。人生的诀窍就是找准人生定位，定位准确能发挥你的特长。经营自己的长处能使你的人生增值，而经营自己的短处会使你的人生贬值。"如果你到现在还没有给自己准确定位的话，那么你就应该抓紧时间，坐下来分析一下自己，根据自己的特点，寻找真正适合自己的位置。只有坐在适合自己的位置上，你才能得心应手，在人生的舞台上游刃有余。

1929年，乔·吉拉德出生在美国一个贫民家庭。他从懂事起就开始擦皮鞋、做报童，然后又做过洗碗工、送货员、电炉装配工和住宅建筑承包商，等等。35岁以前，他只能算是一个失败者，朋友都弃他而去，他还欠了一身的外债，连妻子、孩子的生活都成了问题，同时他还患有严重的语言缺陷——口吃，换了40多份工作仍然一事无成。为了养家糊口，他开始卖汽车，步入推销员行列。

刚刚接触推销时，他反复对自己说："你认为自己行，就一定行。”他相信自己一定能做得到，便以极大的专注和热情投入推销工作中，只要一碰到人，他就把名片递过去，不管是在街上还是在商店里。他抓住一切机会推销他的产品，同时也推销他自己。三年以后，他成为全世界最伟大的销售员。谁能想到，这样一个不被人看好，而且还背了一身债务、几乎走投无路的人，竟然能够在短短的三年内被吉尼斯世界纪录称为“世界上最伟大的推销员”。他至今还保持着销售昂贵产品的空前纪录——平均每天卖6辆汽车！他一直被欧美商界称为“能向任何人推销出任何商品”的传奇人物。

乔·吉拉德做过很多份工作，屡遭失败。最后，他把自己定位在做一名销售员上，他认为自己更适合、更胜任做这项工作。事实上也的确如此，有了这个正确的定位，他最终摆脱了失败的命运，步入了成功者的行列。

可以说，你给自己定位什么，你就是什么，定位能改变人生。你可以长时间卖力工作，创意十足，聪明睿智，才华横溢，屡有洞见，甚至好运连连——可是，如果你无法在创造过程中给自己准确定位，不知道自己的方向在哪里，一切都会徒劳无功。另外，定位的高低将决定你人生的格局。

一个乞丐站在一条繁华的大街上卖钥匙链，一名商人路过，向乞丐面前的杯子里投入几枚硬币，匆匆离去。过了一会儿，商人回来取钥匙链，对乞丐说：“对不起，我忘了拿钥匙链，你我毕竟都是商人。”

一晃几年过去了，这位商人参加一次高级酒会，遇见了一位衣冠楚楚的老板向他敬酒致谢，说：“我就是当初卖钥匙链的那个乞丐。”这位老板告诉商人，自己生活的改变得益于商人的那句话。

在商人把乞丐看成商人那一天，乞丐猛然意识到，自己不只是一个乞丐，更重要的是，还是一个商人。于是，他的生活目标发生了很大转变，他开始倒卖一些在市场上受欢迎的小商品，在积累了一些资金后，他买下一家杂货店。由于他善于经营，现在已经是一家超级市场的老板，并且开始考虑开几家连锁店。

这个故事告诉我们：你定位于乞丐，你就是乞丐；你定位于商人，你就是商人，不同的定位成就不同的人生。可以这么说，如果定位不正确，你的人生就会像失去指南针一样迷茫，有时甚至会发生南辕北辙的事；而准确的人生定位，不但能帮助你找到合适的道路，更能缩短你与成功的距离；而一个高的人生定位，就像一股强烈的助推力，能帮助你节节攀升，开创更大的人生格局。

第二篇

在命运的咏叹调中奏响生命最华美的乐章

青春、希望、真、善、美，这些美好的字眼代表着生命曲调中最华美的乐章。在青春岁月里努力拼搏，在希望的指引下大步向前，在真、善、美的陶冶中品味生活最醇美的韵律……

Chapter 3

青春不留白，拼搏趁现在

“为理想而奋斗是最自豪的事”

在留美期间，杨澜与上海东方卫视共同策划了一档节目《杨澜视线》，这是杨澜第一次担任制片人。由于身处异乡，又对节目制作过程缺乏经验，当中遇到了许多困难。仅拍摄过程中就有很多考验：“这里的取景尚可，但却是个大风口，冷风迎面刮来，让人眼睛都睁不开。我一边诅咒着多事儿的纽约，一边还要‘热情洋溢’地与镜头交谈，滋味实在够难受的。而且脸和嘴部的肌肉都被冻得不听使唤，有一些词儿的音已很难咬准。万不得已，只有躲进附近的商店暖和一下，然后冲出来再录——而这时，摄像师的手指又冻僵了。吃些皮肉之苦还是小事。干电视这一行的人就是要吃苦，谁叫你喜欢呢？”

回顾这段艰辛的经历，杨澜并无怨言。相反，她觉得充实而自豪：“我很高兴我经历了这样的考验。在这个过程中，有时候是苦不堪言的，有时候是特别劳累的。但是走过觉得特别值。有一件事情我觉得特别自豪，就是我为了一个理想奋斗！”

1987年3月30日晚上，第59届奥斯卡金像奖的颁奖仪式正在进行。玛莉·马特琳在掌声和欢呼声中，从上届影帝——最佳男主角奖获得者威廉·赫特手中接过奥斯卡金像。她向观众打着手语致谢。

原来，这个奥斯卡金像奖最佳女主角奖获得者，竟是一个不会说话的哑女。

玛莉·马特琳出生时是一个正常的孩子，但她在出生18个月后，被一次高热夺去了听力和说话的能力。

这位聋哑女对生活充满了激情。她从小就喜欢表演。她勤奋、刻苦，利用一切演出机会不断锻炼自己，提高演技。

1985年玛莉扮演《上帝的孩子》中的萨拉，在全片中没有一句台词，全靠极富特色的眼神、表情和动作，揭示主人公矛盾复杂的内心世界——自卑和不屈、喜悦和沮丧、孤独和多情、消沉和奋斗。玛莉表演得惟妙惟肖，让人拍案叫绝。

就这样，玛莉·马特琳实现了人生的飞跃。她成为美国电影史上第一个聋哑影后。正如她自己所说的那样："我的成功，对每个人，都是一种激励。"

一个靠着勤奋获得成功的斗士，在她身上所显示出的坚忍是那么超脱、不同寻常。

成功之花，人们往往惊羡它绽放时的明艳，然而当初，它的芽却浸透了奋斗的泪泉，洒满了牺牲的血雨。即使这朵花最终没有开放，为一个理想而全力以赴奋斗的过程足以使我们感到自豪和欣慰。

宁在尝试中失败，不在保守中成功

我们知道，蛹化成蝶是一个艰难而痛苦的过程。其实，我们每个人都会有"蝶变"的时候，完成一次蜕变，让世界大吃一惊，但其中的痛只有自己知道。

有时候，因为怕痛或嫌“化蝶”的过程过于漫长，有些人在面临“蝶变”时开始尝试走捷径。比如借助外界的力量帮忙撕开束缚自己的“老茧”，这当然能使我们在短时间内达到自己想要的目的，却缩短了我们的奋斗历程，删减了“蜕变”过程中最重要的一步，导致蝴蝶蜕变失败，漂亮的蝴蝶丧失了飞翔的能力。

如果说蝴蝶自我蜕变是一种勇敢的尝试，是对生命的渴望和挑战，那么在外力帮助下的蝴蝶的蜕变则是一种保守的行为，不敢接受挑战，不敢自我超越，即使成功，也是一种假象，经不起碰触，一旦被残酷现实刺穿，它就只剩下老坏而愚钝的外壳。

从青涩的应届毕业生摇身变成央视的名主持，从远涉重洋的学子到纪录片的制作人，从凤凰卫视的名牌主持到阳光卫视的当家人，杨澜的身份、角色一直在变化。

1994年，杨澜获得了中国第一届主持人“金话筒奖”。也就是在这一年，事业如日中天的她突然离开《正大综艺》，留学美国，震惊了很多喜爱她的观众。对于出走央视的原因，杨澜说：“主持人这个行当有某种吃‘青春饭’的特征，我不想走这样的一条道路。我相信，如果一个人不充实自己的话，前程将是短暂的。”

1997年获得硕士学位回国后，杨澜加盟香港凤凰卫视中文台，开创了名人访谈类节目《杨澜工作室》，并担任制片人和主持人。那段时间，她主持的节目在世界华语观众中拥有广泛的知名度和美誉度。在凤凰卫视的两年里，杨澜拓宽了自己的职业视角，她不仅积累了各方面的经验和资本，同时也找到了未来的发展空间。

2000年3月，在所有媒体没有意料到的时候，杨澜突然发布了和丈夫吴征收购良记集团并更名为阳光文化网络电视控股有限公司的消息。在新闻发布会上，她胸有成竹地提出了打造阳光文化传媒的计划，对于电视市场的未来前景做了精心的描述。杨澜是一个野心勃勃的女人，就像一个追逐电视梦永远不知疲倦和满足的蝴蝶。

2003年，阳光卫视70%股权转让，杨澜宣告阳光卫视创办失败。但是杨澜并没有放弃传媒人士的角色，她和东方卫视、凤凰卫视、湖南卫视合作，主持《杨澜视线》、《杨澜访谈录》、《天下女人》等节目，并多次参加北京奥运会的重大活动。

杨澜说过："这些年，有太多的遗憾。唯一对自己满意的，就是一直在追求改变。宁可在尝试中失败，也不在保守中成功。"杨澜的经历是这句话最好的注解。阳光卫视虽失败了，杨澜的挑战却是成功的，至少她知道了自己下一步应该怎样走，再次创业时应该注意什么。这收获，不经历就不能明白。

在开放中尝试改变，即使失败也精彩。蝶变，就是一次次突破想象，包括自己的想象，然后再去追寻更高、更远、更灿烂的天空。在未来的社会里，那种自我中心、自我封闭、自我满足、自以为是，以及自我设限的人，注定不可能适应社会，甚至生存都会成问题。变，正是人生的魅力所在，而不变的，是心中超越自我的渴望。

作为很多人的"榜样"，杨澜更多的是带给我们一种启发："哦，原来人生可以如此美丽精彩！我为什么不试试呢？"

青春不留白，做你认为值得的事

正如杨澜所说，她对自己最满意的就是一直在追求改变，就算承受失败的风险，也要做自己认为值得的事情。青春转瞬即逝，我们能够为梦想而拼搏的时间也就那么短短的几十年，为了不给人生留下太多遗憾，不给青春留下太多空白，我们应当勇敢一些，全力以赴去实现自己心中的向往。

很多人虽然也有满腔的抱负，在脑海中勾勒出一幅幅幸福的远景，但她们往往欠缺最重要的一个因素——行动。在想到和得到的中间，还有一个做到。我们要想获得成功，必须将计划付诸行动。任何一个伟大的计划，如果不采取按部就班的行动步骤，就像只有设计图纸而没有盖起来的房子一样，只能是一个空中楼阁。“做”是一件事情成功的关键所在，也就是说，行动是化目标为现实的关键。

虽然行动并不一定能带来令人满意的结果，但不采取行动是绝无满意的结果可言的。爱迪生为了一项研究做了10000多次实验，尽管10000多次行动不一定都能成功，但他却对如何成功越来越清楚。只有付出行动，才能拨云见日，找到事情的真相。

在我们的地球上，每天都有成千上万的人把自己辛辛苦苦、苦思冥想出来的新构想取消或者埋葬，因为他们拖延着，不敢行动。过了一段时间，这些构想又会来折磨他们。客观地说，我们身边的大多数人其实都想成功，很少有人愿意窝囊地活着。但是，真正成功的人却是少数，因为大多数人只是有这样那样的想法，并没有将计划付诸行动。每天都能听见有人说：“如果我当时就开始做那笔生意，早就发财了！”或者是：“我早就料到了，我好后悔当时没有做！”天底下没有卖后悔药的，一个好的计划或者创意如果因为不及时行动而胎死腹中，真的叫人叹息不已。

总有很多事需要完成，不妨就从碰见的任何一件事着手，这是件什么事并不重要，重要的是，你突破了无所事事的恶习。从另一个角度来说，如果你想规避某项杂务，那么你就应该从这项杂务着手，立即进行，否则事情还是会不断地困扰你，使你觉得烦琐无趣而不愿动手。

虽然你可能还很年轻，缺乏人生经验，但只要采取行动，就能给自己的成功创造机会。当你养成“现在就动手做”的习惯，那么你就将掌握“行动决定成败”的精义。关于行动的要点有三：

1．心动更要行动

有些人之所以不能成就大事，是因为他们没有把行动的力量发挥出来。这就像过桥，当向前走的时候，我们很容易保持平衡，一旦停下来，要想保持平衡就十分困难。成功与失败的分别在于：前者动手，后者动口，却又抱怨别人不肯动手。

2．克服“害怕”心理，直面挑战

当人决心用行动去实现梦想时，就将面临各种艰难的挑战，“不害怕”是心灵的起点，是为自己设下最坚忍的防护。在现实生活中，也许你被碰得头破血流，或拼打得体无完肤，但只要你不害怕碰壁、不害怕失败、不害怕孤独、不害怕被人误解，并勇敢去闯，就一定能得到生活的回报。

3．别为拖延找借口

一个人事还没做之前便想逃避，待事到临头时会觉得更痛苦。把拖延当做生活方式，乃是我们逃避做事的一贯伎俩。不做的人通常是爱评论的人，也就是自己坐着不动，看人家做，并且还对人家的行为评头论足的人。评论容易，力行则需要努力、坚持与改变自己。

如果你梦想成为一名作家，那么从今天开始练习写作；如果你梦想成为一名学者，那么每天抽出时间来阅读和思考。要知道，实现梦想的秘诀就在于行动，只有行动才能为梦想创造可能。

年轻最大的财富就是犯错的机会

杨澜是一个充满进取心的人，她的成功绝不是偶然。她曾深有感触地说道：“年轻的时候你最大的财富，不是你的青春，不是你的美貌，也不是你有充沛的精力，而是你有犯错误的机会，如果年轻的时候你不能够追随自己的梦想，为自己认为值得干的事情冒一次风险，哪怕是犯一次错误的话，青春是多么苍白啊！”

有竞争就会有失败，失败的时候，正是年轻人学会思考和总结的黄金成长期。但很多年轻人害怕被否定，一旦失败，就再也不想去尝试，越是想要逃避失败的噩运，越是容易重蹈覆辙，以致到最后落得无可救药。人们常说："胜败乃兵家常事，因此要胜勿骄，败勿馁。"而更重要的是要经得起挫折，重整旗鼓，开辟人生另一个战场。

"错误本身都有其可以借鉴的价值，而只有那些善于从失败中总结经验教训、不怨天尤人的人才能避免重复犯错，从而使自己成为生活的智者。"西方著名哲学家罗素以自己丰富的经历以及哲学家的思维，对失败这样总结道。

的确，在漫长的人生道路上，期望自己事业成功，仅从书本上学到的智慧是远远不够的，你还必须具备社会生活的智慧。这就是不断减少你犯错的智慧。

生活是最严厉的老师，与书本教育的方式完全不同。生活的教育方式是你得首先犯错，然后从中吸取教训。大多数人由于不知道从错误中悟出道理，所以只是一味地逃避错误。他们却不知道，这种行为本身已铸成大错，还有一些人犯了错误却没能从中吸取教训。这些都是为什么有如此多的人总是循环往复地犯着自己以前曾经犯过的错误。他们会一而再，再而三地犯错，就是因为他们不知道如何从错误中吸取教训。

爱因斯坦被带到普林斯顿高级研究所办公室的那天，管理人员问他需要什么用具。爱因斯坦回答说："我看，一张桌子或台子，一把椅子和一些纸张、一支钢笔就行了。啊，对了，还要一个大废纸篓。""为什么要大的？""好让我把所有的错误都扔进去。"

追求卓越的过程，其实就是不断丢弃错误的过程。丢弃错误，我们才会看到一条向上的路。哈佛教授指出：人在成功的时候，总是认为自己是高明的，而很少归结为运气；而出错时，却总是以运气不佳为借口，害怕承认错误、分析错误，以致故态复萌，再犯同样的错误。殊不知，错误本身都有其可以借鉴的价值。

"一个人受骗两次就该毁灭。"一个真正明智的人绝不应该再犯同类的错误。的确，犯错不可怕，只要不犯相同的错误就是一种进步。每个人都不希望出错，并害怕出错，自小师长便教导人们犯错是不好的事，会使自己失去亲朋的疼爱。这种教育常常使人们不能正确对待错误，不能接受对错误的批评。这很不利于纠正错误，从错误中学习。当我们受到批评时，不必感到失望、不平或愤怒，而应把精力用来制订一项明确的计划，以平息批评，重新起步。与有关的人共同研究你的计划，不要浪费时间和精力彼此抱怨，应该共同努力，解决问题。有时候我们又太勇于自责了。我们会说："这都是我的错。""我什么事都做不好。"如果真是我们的错，自责倒也无妨，但明明不是我们的错而强要自责，便有危险。喜欢自责的人内心常有"我是笨蛋，我是失败者"的想法。这么一来，下次你又会犯同样的错误，或是你误信自己的确是笨蛋，而根本不再尝试了。而这种思想仅仅是使我们生活变得乏味和痛苦的原因之一，正确地对待错误的态度同时也是我们面对人生的态度。

错误本身并不可怕，可怕的是错得没有价值。一个人虽然犯了点小错误，但如果他能总结失败的教训，知道自己为什么失败，并不再犯更大的甚至是致命的错误，则错误对他来说比成功的经验还重要。而这种教训的总结会让他成为一个智者，更好地去面对我们所生活的这个世界。

开发出你的潜能

在事业上取得了一个又一个成功后的杨澜，提起当初事业的起点，她颇有感触地说道："《正大综艺》已经永远地留在了我的人生里，抹也抹不去。它改变了我的人生轨迹，却没有改变我的个性。相反，它让我更清楚地知道了我想做什么样的人，做什么样的事，为了这些，我感谢《正大综艺》。我既不以它带给我的荣誉而满足，也不因我过去的稚气而羞愧。这是我社会人生的起步，是我事业的开始。我曾经全身心地投入过，而且过得很充实。”事实上，正像杨澜所说，正是《正大综艺》的四年历练，让她对自己有了更清醒的认识，对未来有了更明确的目标，并在全身心的投入过程中激发出了更大的潜能，为她在事业上的腾飞打下了坚实的基础。

奥里森・马登说：“我们大多数人的体内都潜伏着巨大的才能，但这种潜能酣睡着，一旦被激发，便能做出惊人的事业来。”潜能犹如一座待开发的金矿，蕴藏无穷，价值无限。每个女人都有一座巨大的潜能金矿，但是，为什么大多数人不能拥有丰富的知识，获得成功的人生呢？答案是：潜在的巨大能量没有得到有效的开发和利用。

我们知道，即使是被称为20世纪最发达的大脑的拥有者爱因斯坦博士，终究也不过仅仅使用了自身能力的10%！人类的大脑是世界上最复杂，也是效率最高的信息处理系统。别看它的重量只有1400克左右，其中却包含着100多亿个神经元。在这些神经元的周围还有1000多亿个胶质细胞。人脑的存储量大得惊人，在从出生到老年的漫长岁月中，我们的大脑每秒钟足以记录1000个信息单位。

著名的苏联学者兼作家伊凡・亚夫里莫夫指出：“一旦科学的发展能够更深入了解大脑的构造和功能，人类将会为储存在脑内的巨大能力所震惊。人类平常只发挥了极小部分的大脑功能，如果能够发挥一半的大脑功能，将轻易地学会40种语言、背诵整本百科全书、拿12个博士学位。”

可见，每个人的身上都蕴藏着巨大的潜能，这些潜能对人生价值的实现起着举足轻重的作用。只要我们有效地开发自身的潜能，不但可以实现人生的种种愿望，甚至可以创造出令人讶异的奇迹。

你是不是经常因为一点点小挫折就从心里否定自己，暗自沮丧，丧失了继续前行与奋斗的勇气？如果真是如此，你应该及时改变这种消极的心态，你的潜能宝藏还未被你挖掘出来，你的能力与才华也并未得到正确而充分的展示。潜能是上帝放在我们每个人心中的“巨人”，千万别因为在现实中遇到困难就对自己失去信心，赶快唤醒你心中的“巨人”吧。

那么，我们该怎样开发自己的潜能呢？

1．每天暗示自己“你做得很好”

想要成功的你，要每天在心中念诵自励的暗示宣言，并牢记成功心法：你要有强烈的成功欲望、无坚不摧的自信心。如果你使精神与行动一致的话，一种神奇的宇宙力量将会替你打开宝库之门。

年轻的时候，如果在你的潜意识中你是一个幸福的女人，你会不断地在你内心的“荧屏”上见到一个充满信心、锐意进取的自我，听到“你做得很好，你会做得更好”这一类的鼓舞信息；然后感受到喜悦、兴奋与力量——而你在现实生活中便会“注定”成功。

2．将你的精神标语写下来

将你的精神标语写下来，例如“我一定可以完成这个项目”、“我现在感到很幸福”。明晰的标语能使你的目标清晰明朗，这是光凭记忆做不到的。

每天念诵两次你的精神标语：一次在刚醒来的时候，一次在临睡之前——这两段时间是你潜意识活动比较弱，并且最容易与潜意识沟通的时段。在念诵的时候，你要贯注感情，并且想象你成功的样子。

3．使用积极和正面的言辞

在我们的潜意识状态中，积极的信念会比消极的自我暗示更容易产生影响力。譬如，你心里很害怕时，如果你说“没有什么可怕的”会比“好恐怖，怎么办呢”这样的话语更有镇静作用。

4．构想成功后的自我

伟大的人生始自你心里的想象，即你希望做什么事、成为什么人。每个女人都有自己的梦想，在你心里的远方，应该稳定地放置一幅自己的画像，然后向前移动并与之吻合。如果你替自己画一幅失败的画像，那么，你必将远离成功；相反，替自己画一幅胜利的画像，你与成功即可不期而遇。

5．给自己制造“适量”的压力

我们知道有“狗急跳墙”、“背水一战”的说法，因为在面对险恶、绝望的环境时，无论动物还是人，出于求生的本能都易于激发自己的潜能，从而创造令人匪夷所思的奇迹。

明白了潜能激发的道理，我们就可以给自己制造“适量”的压力，例如“在下班之前我务必要拜访5个客户”、“3个小时之内把所有工作完成”，等等。只要这种压力在你的承受范围之内，你就可能开发出无穷无尽的潜能，并能创造性地完成任务。

6．挑战一次自己的极限

年轻的时候，多尝试一些自己从来没做过的事情，例如，当众作一次激情洋溢的演讲，参加一次马拉松长跑比赛……抛弃小姑娘一样的羞涩。大自然赐给每个人巨大的潜能，但由于没有进行各种智力训练，每个人的潜能似乎都未得到淋漓尽致的发挥。而在寻求极限体验的过程中，随着“极限时刻”的来临，你的潜能会一次又一次被激发出来，你会感到：自身的力量是无限的。

Chapter 4

希望，人生路上光彩永现的明灯

只有希望能描绘出幸福的远景

希望是什么呢？希望是对美好未来的向往与追求，它在我们的生命中是不可或缺的。没有泪水的人，他的眼睛是干涸的；没有希望的人，他的世界是黑暗的。鲁迅先生曾经说过："希望是附着于存在的，有存在，便有希望，有希望，便是光明。"希望对一个人是很重要的，一个没有希望的人，就像断了线的风筝一样，没有任何方向和依靠；就像大海中迷失了方向的船，永远都靠不了岸。

有一本书叫做《我希望能看见》，它的作者彼纪儿·戴尔是一个几乎瞎了50多年的女人，她写道："我只有一只眼睛，而眼睛上还满是疤痕，只能透过眼睛左边的一个小洞去看。看书的时候必须把书本拿得很贴近脸，而且不得不把我那一只眼睛尽量往左边斜过去。"可是她拒绝接受别人的怜悯，不愿意别人认为她"异于常人"。

小时候，她想和其他的小孩子一起玩跳房子，可是她看不见地上所画的线，所以在其他的孩子都回家以后，她就趴在地上，把眼睛贴在线上瞄过来瞄过去。她把她的朋友所玩的那块地方的每一处都牢记在心，不久就成为玩游戏的好手了。她在家里看书，把印着大字的书靠近脸，近到眼睫毛都碰到书本上了。她得到两个学位：先在明尼苏达州立大学得到学士学位，再在哥伦比亚大学得到硕士学位。

她开始教书的时候，是在明尼苏达州双谷的一个小村庄里，然后渐渐升到南达科他州奥格塔那学院的新闻学和文学教授。她在那里教了13年书，也在很多妇女俱乐部发表演说，还在电台主持谈书和作者的节目。她写道："在我的脑海深处，常常怀着一种怕完全失明的恐惧，为了克服这种恐惧，我对生活采取了一种很快活而近乎戏谑的态度。"

然而在她52岁的时候，一个奇迹发生了。她在著名的梅育诊所做了一次手术，使她的视力提高了40倍。一个全新的、令人兴奋的、可爱的世界展现在她的眼前。她发现，即使是在厨房水槽前洗碟子，也让她觉得非常开心。她写道："我开始玩着洗碗盆里的肥皂沫，我把手伸进去，抓起一大把肥皂泡沫，我把它们迎着光举起来。在每一个肥皂泡沫里，我都能看到一道小小彩虹闪出来的明亮色彩。"

当我们去审视和叩问自己的心灵，能否像彼纪儿·戴尔那样在肥皂泡沫中看到彩虹？生活中的阴云和不测不知会使多少人活在自怨自艾的边缘，许多人早已习惯了用悲伤去迎接生命的各种遭遇，由于自身内心世界的阴晦，使得原本明朗的生活变得灰暗而毫无希望。我们既然没有彼纪儿·戴尔的不幸，也就没有绝望的理由！用心去感受你眼中的可爱世界吧，阳光下洗碗盆里的肥皂沫都是五彩缤纷的。

在希望的指引下锐意进取

1998年凤凰卫视《杨澜工作室》、2000年创立"阳光卫视"、2001年出任北京申奥形象大使、曾被《福布斯》评为中国最富有女性并作为封面人物，她的荣耀越积越多。而这一切都源于杨澜锐意进取的劲头。从离开《正大综艺》重新规划自己的人生开始，杨澜就时常在脑海中为自己描述发展的远景，并在这种希望的指引下，不断拼搏，活出了一个越来越精彩的自己。

如今，现代文明是越来越丰富了，也给予了每个人更加宽广的活动舞台。女人可以和男人一样渴望成功，在各行各业也的确涌现出许多女性成功者。她们不仅事业上可以与男子比肩，生活上也相当圆满，她们代表着当前时代的特征——干练、精明、高效和精彩，成了这个社会大舞台中最亮丽的一道风景，也成为每一位渴望进步的女人学习的典范。她们之所以能把生命经营得如此精彩，就在于她们能够不断进取，不断充实自己。

"打工皇后"吴士宏其貌不扬，却名声在外。她是第一个成为跨国信息产业公司中国区总经理的内地人，是唯一一个取得如此业绩的女性，也是唯一一个只有初中文凭和成人高考英语大专文凭的总经理。

她是如何取得这份不平凡的成功的呢？用她自己的话说，就是一分野心、两分努力。"没有一点雄心壮志的人，是肯定成不了什么大事的。"吴士宏生于20世纪60年代，十几岁时的她一无所有。1979年到1983年，吴士宏又得了白血病，经过一次又一次的化疗，她的头发几乎掉光。大病过后，她才恍然觉得：自己的生命必须重新开始，因为生命也许留给她的时间并不宽裕了。就是从那时起，吴士宏开始萌发了她的一个想法：要做一个成功的人。从此，吴士宏以顽强的毅力开创起自己的新生活。

她仅仅凭着一台收音机，花了一年半时间就学完了许国璋英语三年的课程，拿到了走向新生活的"入门证"，并开始谋求一份新的职业。在自学成人高考英语专科的毕业前夕，她以对事业的无比热情和非凡的勇气通过外企服务公司成功应聘到IBM公司，而在此前外企服务公司向IBM公司推荐过好多人都没有被聘用。

吴士宏虽然没有高学历，也没有外企工作的资历，但她有一个信念，那就是："绝不允许别人把我拦在任何门外！"面试那天，吴士宏来到了五星级标准的长城饭店，坚定地走进了世界最大的信息产业公司IBM公司北京办事处。吴士宏顺利地通过了笔试和口试两轮严格的筛选，成了这家世界著名企业的一名最普通的员工。

在IBM公司工作的最早的日子里，吴士宏扮演的是一个卑微的角色，沏茶倒水，打扫卫生，完全是脑袋以下肢体的劳作。她曾感到非常自卑，连触摸心目中的高科技象征的传真机都是一种奢望。吴士宏仅仅为身处这个安全又能解决温饱的环境而感到宽慰。

然而这种内心的平衡很快被打破了，在那样一个先进的工作环境中，由于学历低，她经常被无理非难。她曾被门卫故意拦在大楼门口，也曾被人侮辱为"办公室里偷喝咖啡的人"。她内心充满了屈辱，但却无法宣泄，吴士宏暗暗发誓："这种日子不会久的，绝不允许别人把我拦在任何门外。"事后吴士宏对自己说：有朝一日，我要有能力去管理公司里的任何人。为此，她每天比别人多花6个小时用于工作和学习。经过艰辛的努力，吴士宏成为同一批聘用者中第一个做业务代表的人；继而，又成为第一批本土经理，第一个IBM公司华南区的总经理。

作为现任TCL信息产业集团总经理的吴士宏，已经不再是那个可以被流言飞语随意中伤的弱女子，她已经在与命运的斗争中练就了更加坚毅的性格。现在的吴士宏，同当年那个被冷嘲热讽弄得手足无措的吴士宏相比，是不是更加丰厚、更加成熟、更加富有气质和魅力了呢？人生旅程就是一段漫长的奋斗过程，就是一段自我创造、自我完善的过程。每个人都在自己的生活道路上撰写着自己的人生篇章，只有那些经历过风吹雨打、体验过失败考验人生著作，才是最好的著作。

进取着的女人是美丽的，这种美丽是不可替代的。进取赋予了女人自立自强的人格魅力。进取，让女人走出了狭小的家庭生活空间，让女人的视野开阔，心也随之澄明起来；进取，让女人发现了更能凸显自己个性价值的方式；进取，也最能让女人找到自己的尊严。面对一个自尊自爱、自立自强的女人，相信每一个人都会由衷赞叹她的美丽。

在这类女人的身上，首先打动人的是信念。信念是她们对进取的热爱和理解，是她们面对挫折、打击时，仍然在内心深处固守的一份执著的勇气。有了这样的信念，才会真正明白拥有一份进取的意义，并真正地和这份进取融为一体。其次是淡定的心态。一种宠辱不惊、未来尽在掌握的优雅，直面困境，笑对冷语嫉妒，并以微笑感染身边的人。这种发自内心的灿烂的影响力，远胜所有驻颜良药。最后是宽广的襟怀。高速的生活节奏让人们几乎忘记体谅、忘记感动，而她们却能所向无敌。

一个人在社会大舞台上的活动越是频繁，她对于社会的价值相应的越大，她的人生意义也就越大，她的生活也就可以像杨澜一样精彩。

“希望，让我们在不断的失望后继续前行”

杨澜说：“是什么让我们在不断的失望后继续前行？是一种叫做‘希望’的东西。”当我们处于厄运的时候，当我们面对失败的时候，当我们面对重大灾难的时候，只要我们仍能在自己的生命之杯中盛满希望之水，那么，无论遭遇什么样的坎坷不幸之事，我们都能永保快乐的心情，我们的生命才不会枯萎。这就是杨澜说的：“人只有对远景充满期待，才不会焦虑，也才会从容面对一切。心，是最娇嫩的地方。”

在一座偏僻遥远的山谷里的断崖上，不知何时，长出了一株小小的百合。它刚诞生的时候，长得和野草一模一样，但是，它心里知道自己并不是一株野草。它的内心深处，有一个纯洁的念头："我是一株百合，不是一株野草。唯一能证明我是百合的方法，就是开出美丽的花朵。"它努力地吸收水分和阳光，深深地扎根，直直地挺着胸膛，对附近的杂草置之不理。

在野草和蜂蝶的鄙夷下，百合努力地释放内心的能量。百合说："我要开花，是因为知道自己有美丽的花；我要开花，是为了完成作为一株花的庄严使命；我要开花，是由于自己喜欢以花来证明自己的存在。不管你们怎样看我，我都要开花！"

终于，它开花了。它那灵性的白和秀挺的风姿，成为断崖上最美丽的风景。年年春天，百合努力地开花、结子，最后，这里被称为"百合谷地"。因为这里到处是洁白的百合。

我们生活在一个竞争十分激烈的社会，有时在某方面一时落后，有时困难重重，有时失败连连，甚至有时被人嘲笑……无论什么时候，我们都不能放弃努力；无论什么时候，我们都应该像那株百合一样，为自己播下希望的种子。

内心充满希望，它可以为你增添一分勇气和力量，它可以支撑起你一身的傲骨。当莱特兄弟研究飞机的时候，许多人都讥笑他们是异想天开，当时甚至有句俗语说："上帝如果有意让人飞，早就使他们长出翅膀。"但是莱特兄弟毫不理会外界的说法，终于发明了飞机。当伽利略以望远镜观察天体，发现地球绕太阳而行的时候，教皇曾将他下狱，命令他改变主张，但是伽利略依然继续研究，并著书阐明自己的学说，终于在后来获得了证实。所以说最伟大的成就，常属于那些在大家都认为不可能的情况下，却能满怀希望并坚持到底的人。

有一个老人，在他100岁的时候，不仅功成名就、子孙满堂，而且身体硬朗、耳聪目明。百岁生日的这一天，他的子孙济济一堂，热热闹闹地为他祝寿。

在祝寿中，他的一个孙子问："爷爷，您这一辈子中，在那么多领域做了那么多的成绩，您最得意的是哪一件呢？"

老人想了想说："是我要做的下一件事情。"

另一个孙子问："那么，您最高兴的一天是哪一天呢？"

老人回答："是明天，明天我就要着手新的工作，这对于我来说是最高兴的事。"

这时，老人的一个重孙子，虽然还30岁不到，但已是名闻天下的大作家了，站起来问："那么，太爷爷，最令您感到骄傲的子孙是哪一个呢？"说完，他就支起耳朵，等着老人宣布自己的名字。

没想到老人竟说："我对你们每个人都是满意的，但要说最满意的人，现在还没有。"

这个重孙子的脸陡地红了，他心有不甘地问："您这一辈子，没有做成一件感到最得意的事情，没有过一天最高兴的日子，也没有一个令您最满意的孙子，您这100年不是白活了吗？"

此言一出，立即遭到了几个叔叔的斥责。老人却不以为忤，反而哈哈大笑起来："我的孩子，我来给你说一个故事：一个在沙漠里迷路的人，就剩下半瓶水。整整5天，他一直没舍得喝一口，后来，他终于走出大沙漠。现在，我来问你，如果他当天喝完那瓶水的话，他还能走出大沙漠吗？"

老人的子孙们异口同声地回答："不能！"

老人问："为什么呢？"

他的重孙子作家说："因为他会丧失希望和欲念，他的生命很快就会枯竭。"

老人问："你既然明白这个道理，为什么不能明白我刚才的回答呢？希望和欲念，也正是我生命不竭的原因所在呀！”

生命在于永不放弃，我们的事业也如此，有希望在，我们就有了前进的方向，就有了不竭的动力。

心无希望的人注定只能浑浑噩噩地生活，没有目标，一切都显得很糟糕。希望是我们内心深处盛开的一朵永不凋零的花儿，人生在世绝不能没有希望。无论我们的生活是什么状况，有希望就会有光明。

Chapter 5 美不神秘，美就是找到自己

美丽杨澜：内涵才是我的目标

很多年轻的女孩常常认为，有了美貌无疑便有了涉世的筹码，骄傲的资本。但在现代社会里，比美貌更动人的是美德与才气。当美丽可以大量复制后，这二者才更显得珍贵。

杨澜曾说过，从没有人说她长得漂亮，她自认为长得很一般，但她从未因为无“花容月貌”而难过，反而觉得长相一般的女孩容易在其他方面努力。因为知道自己不管如何打扮都不可能光芒四射，那只好多看几本书，多做些别的事了。

杨澜曾现身说法：“我想‘漂亮’一般光是指外貌，女性美的表现在于一种母性，不管她是不是做妈妈。另外，我觉得女人的美丽更主要是在思想方面。我曾经问过许多大导演：‘你们整天生活在美女堆里，是不是老要动感情？’他们就说：‘没有，许多女人只有漂亮的脸蛋，根本没法触动我们。’所以，一个女人的思想很重要，如果跟不上时代，总以为搽脂抹粉就可以留住男人的心，我觉得那是一种妄想。只有在思想上不断挑战他，才会给男人一种新鲜感和刺激感，这非常重要。”

“踏破铁鞋无觅处，得来全不费工夫。”往往越是我们不看中的

东西，得到却很容易。杨澜一直不想当选什么美女，但她的照片上了一家杂志的封面，并被称为“本世纪最美的亚洲美女”。对于这件事情，杨澜这样分析：“我觉得漂亮这个事绝对是一个很相对的、很个人化的一种观点，这好像是命运在开玩笑一样，就是这么一种很普通的感觉。人的长相是父母给的，还是要自己喜欢自己。但是有一个说法，我觉得挺喜欢的，它说，女人30岁以前的相貌是父母给的，30岁以后的相貌是自己给的。我觉得这个话要这么理解，就是说你所积累的你的个性、你的气质，你所受的教育背景可能会在你的青春高峰过了以后，越来越显现出来。”

的确，再美的容貌也是会随岁月的流逝而消逝，而才情则是永存的。聪明机智的头脑和学而不倦的热情，才是真正的无价之宝。女人的美有两种最基本的划分，一种是外在的形貌美，一种是内在的心灵美。外在美的女人是自身美的凝聚和显现，它既能给自身以极大的心理满足和心理享受，又能给他人以视觉上的美感，使人赏心悦目。而内在的心灵美可以给人留下难以磨灭的印象。内在美驾驭着外在美，是女人美丽的源泉。正因为有了内在美的存在，女人才能真正成为完美的女人，才能让人产生由衷的美感。林清玄在《生命的化妆》一文中说女人化妆有三个层次，其中第二层的化妆是改变本质，让一个女人改变生活方式、睡眠充足、注意运动和营养，多读书、多欣赏艺术作品、多思考，可以让女人对生活保持乐观的心态。因为独特的气质与修养才是女人永远美丽的根本所在。

英国作家毛姆曾经说过：“世界上没有丑女人，只有一些不懂得如何使自己看起来美丽的女人。”西晋人陆机则评说才情之美是：“石韫玉而山晖，水怀珠而川媚。”

女人可以不美丽，但不能没有才情，才情能重塑美丽，唯有才情能使美丽永驻，能使美丽有质的内涵。人的追求不完全来自外貌，它主要来自人的内在力量。

一代佳人“林黛玉”的扮演者陈晓旭已不幸“香消玉殒，芳魂远逝”，她诗意迷蒙的眼神，多愁善感的才思却深深地烙在了人们的心头。人们爱怜她纯净高洁的心灵，珍视她带给世间的一颦一笑；人们悲痛她的离别，但也永远怀念她的凄美。她虽然过早地离开了我们，但在我们心中，她会一直跟随我们走下去，而且她不会衰老，她永远都是《红楼梦》中那个秀丽柔美的林妹妹。她之所以成为人们心目中经典永恒的人物形象，关键在于她过人的才华和细腻空灵的情思。

固然，丽质天成是一种难得的优势，但光有外在没有内涵，看得太久也会“审美疲劳”，更何况这个世界人造的、天然的各式美女应有尽有，多了也就习以为常了。这就好比一部电视剧，里边光是些完全“不入戏”的美女，你恐怕也提不起任何兴趣，就是男人估计看多了也大有呕吐之势，人们宁愿欣赏诠释到位但外表不够美的演员，也比忍受“矫揉造作”的美女要强。

想当年，容貌娇美的戴安娜成为英国的王妃，与英俊潇洒的王子堪称一对璧人，他们的结合简直就是现实版的美丽童话，但最终童话还是令人遗憾地破灭了。查尔斯跟戴安娜离婚的时候，戴安娜的三围是35–28–35（英寸），被美容专家称为“魔鬼黄金比例”，一个身材完美的弃妇。

但是那个又老又丑，却让王子痴恋了几十年的卡米拉，连谴责她破坏皇室婚姻的人都不得不说：“说句公道话，凡是熟悉卡米拉的人，无不认为她是个让人喜爱的女人。她不但聪明，还很风趣。”她是宴会上的女王，文学艺术、政治经济，她都能侃侃而谈。

可见，美貌不是唯一的资本，单凭美貌不可能给女人带来幸福。虽然男人倾慕于女人的美貌，但一朵花再美看久了也会生厌的，让男人，尤其是充满智慧的男人，每天对着一个称不上“蕙质兰心”的女人，他的思想、他的情趣、他的心事与哀愁她一点都不能会意，恐怕这时男人也会禁不住对月长叹，发出“知音少，弦断有谁听”的思古幽情吧。

女人拥有才情是至关重要的。30岁前的相貌是天生的，30岁后的相貌是后天培养的。你所经历的一切，将毫无保留地写在脸上，每天智慧一点点，你为自己做的便是不断地滋润。红颜易逝，但才情可以永存。

美是"综合体"，漂亮还不够

美国成功学大师戴尔·卡耐基曾说："你的粗俗将会毁了你的幸福。我要告诉你的是，只有举止优雅的女人，才会赢得男人的尊重和爱。"除了得体的外表、具有丰富的内涵外，一个令人赏心悦目的女人还应该是一个举止优雅，有着良好的教养和风度的人。

然而，很多女人却丝毫不注意这些，尽管她们可能穿着入时、妆容雅致，但仍脱不掉"粗俗"的影子。这一点，在一些年龄稍长的女性身上常常表现得更为明显。对此，杨澜就曾不无遗憾地说道："如果说男人行为鲁莽无礼让人愤怒的话，女人的失态就多少可悲了。我不明白，不少女人在年轻时非常注重自己的公众形象，为什么一旦生儿育女步入中年以后，不但对自己的外表漫不经心，连举止也'男性化'起来了？为一点儿口舌之利就搬出最难听的脏话，连男人恐怕都要脸红，她们却一派气宇轩昂，自以为泼辣豪爽，在众人眼里，其实已经粗俗不堪了。"

杨澜还在她的散文集《凭海临风》中提到这样一段令她尴尬的经历：

"我曾在美国佛罗里达州的一个旅游点，遇上来自国内的一个代表团。当时正值暑天，旅游旺季，公共厕所外排起了长队。三位国内来的女同胞竟如入无人之境，冲到队前，心安理得地等在最前面，全不顾后面的人高声抗议，只当听不懂英语，充耳不闻。我不相信她们连‘sorry’也不会说。她们说说笑笑地往外走时，人群中发出了嘘声，我听见有人说：‘Chinese（中国人）。’更要命的是，她们认出了队中的我，一时非常兴奋亲热：‘你是杨澜吧？肯定是！我们是你的热心观众。从你的节目里了解了很多世界知识。’周围的人异样地看着我，我的脸腾地红了。我当时的态度，在这几位‘热心观众’看来，肯定太冷淡了一些。怎么能不冷淡呢——排队的礼貌是不必特别介绍的‘世界知识’吧。”

的确，这样的女人，就算有倾国倾城的容貌、富可敌国的财富，在旁人看来，终究不过是一个粗俗不堪的人，更谈不上有何魅力可言了。得体的仪态是每个女人人生旅途中的必修课程，合乎规范的、得体的仪态是女人气质的最佳体现。按社会公认的基本标准检点个人的举止，是人之常情，是人的起码修养。优雅女性的举手投足可能各有不同，但粗俗有定例，让我们来看看都有哪些吧。

1．语言习惯方面

不注意自己说话的语气，经常以不愉快或者对立的语气说话；应该保持沉默的时候，喋喋不休；打断别人的话；以傲慢的态度提出问题，给人一种唯我独尊的印象；尖刻地嘲笑别人；在不适当的时候打电话，等等。

2．行为举止方面

在公共场合随便插队，大声讲话；在公共场合化妆，旁若无人地摆弄头发；在餐厅吃饭时脱掉鞋子；面对陌生人，用目光随便打量对方，等等。

一个人如果没有才，不会有人怪他，但是如果一个人没有好的教养，即使他才高八斗、学富五车也不会有人看得起他。因此，良好的教养是气质美的前提。良好的教养一般体现在以下10个方面：

（1）守时

无论是开会、赴约，有教养的人从不迟到。她们懂得，不管什么原因迟到，对其他准时到场的人来说，也是不尊重的表现。

（2）谈吐有度

注意从不冒冒失失地打断别人的谈话，总是先听完对方的发言，然后再去反驳或者补充对方的看法和意见，也不会口若悬河、滔滔不绝，不给对方发言的机会。

（3）态度亲切

懂得尊重别人，在同别人谈话的时候，总是望着对方的眼睛，保持注意力集中；而不是眼神飘忽不定，心不在焉，显得一副无所谓的样子。

（4）语言文明

不会有一些污秽的口头禅，不会轻易尖声咆哮。

（5）合理的语言表达方式

尊重他人的观点和智慧，即使自己不能接受或明确同意，也不会情绪激动地提出尖锐反驳意见，更不会找第三者说别人坏话，而是陈述己见，讲清道理，给对方以思考和选择的空间。

（6）不自傲

在与人交往相处时，从不凭借自己某一方面的优势，而在别人面前有意表现自己的优越感。

（7）恪守承诺

要做到言必信，行必果，即使遇到某种困难也从不食言。自己承诺过的事，要竭尽全力去完成，恪守承诺是忠于自己的最好表现形式。

（8）关怀体贴他人

不论何时何地，对妇女、儿童及上了年纪的老人，总是表示出关心并给予最大的照顾和方便，当别人利益和自己利益发生冲突时能设身处地为别人想一想。

（9）体贴大度

与人相处胸襟开阔，不斤斤计较、睚眦必报，也不会对别人的一些过失耿耿于怀，无论对方怎么道歉都不肯原谅，更不会嫉贤妒能。

（10）心地善良，富有同情心

在他人遇到某种不幸时，能尽自己所能给予支持和帮助。

杨澜的美丽心经：保持健康

经历十几年的风风雨雨，岁月在杨澜的脸上却没有留下痕迹，杨澜的美容术一直备受女性朋友关注。当被问及她的美容秘诀时，杨澜的答案却出乎意料的简单：保持健康。杨澜说美丽有多个层面："第一个层面是精神状态，中国很多都市女性严重缺乏体育锻炼，或者一味减肥，处于亚健康状态，我平时会陪孩子锻炼，已经坚持了两年多，这样才有充沛的体能拼搏。第二个层面才是服饰和化妆。"

的确，对女人来说，只有健康才能说美，女人的美丽是灵性加弹性——拥有活生生肉体的健康女人，才会成为社会生活中最美的风景，才有资本去享受生活赐予的幸福。虚弱、没精打采、无力、犹豫不决、优柔寡断的女人，谈不上美丽，也不会成为一个领导者，几乎不可能在任何重大事件中走在前列。这也就是为什么米开朗琪罗在他伟大的绘画作品中，无论是描绘天堂还是地狱，无一不体现出强大的身体力量，这就是意大利人对身体力量的热爱与崇拜之情。

1953年世界卫生组织就提出"健康是金"的口号，希望人们要像对待金子一样珍爱生命。但金子可以"千金散尽还复来"，而健康却"一江春水向东流"。要知道，生命与健康是一条单行线，"奔流到海不复回"。

不良的身体、衰弱的精神，真不知造成了天下多少悲剧，破坏了天下多少家庭。身体和精神是息息相关的。一个有一分天才的身强体壮者所取得的成就，可以超过一个有十分天才的体弱者所取得的成就。那么，什么样的身体才是健康的身体呢？这里有10条健康的标准：

（1）拥有充沛的精力，能从容不迫地应付日常生活以及工作的压力，而不感到过分紧张。

（2）处世乐观，态度积极，乐于承担责任。

（3）善于休息，睡眠良好。

（4）应变能力强，能适应外界环境的各种变化。

（5）能抵抗一般性感冒和传染病。

（6）体重适当，身材匀称；站立时，头、肩、臀位置协调。

（7）眼睛明亮，反应敏锐，眼睑不易发炎。

（8）牙齿清洁，无空洞，无痛感，齿根颜色正常，无出血症状。

（9）头发有光泽，无头屑。

（10）肌肉、皮肤有弹性，走路轻松。

以上10条，体现了健康所包含的躯体、心理的完好状态和社会适应能力三方面的内容。在这些标准中，前4条包含了精神健康，后6条包含了身体健康，在身体健康方面，也包含有形体美的要求。看了上面的10条标准，你是不是已经意识到了自己的健康问题？

许多职业女性总是感到“很累，也不想工作，看到办公桌和电脑就开始烦”，“浑身无力、思想涣散、头痛、眼睛疲劳”，“整个白天都容易疲倦，想睡觉，上了床却经常睡不着”。到医院查来查去各种指标都在正常范围内，医生也说不出所以然，可身体确实不舒服。许多人医院跑了不少，保健品也没少吃，可是症状依旧。她们经常会问自己：“我病了吗？”

其实她们未必有病，只是由于种种原因处于亚健康状态。遗传基因的影响、环境的污染、紧张的生活节奏、心理承受的压力过大、不良的生活习惯、工作过度疲劳，等等，都可以使健康的人们逐渐转变为亚健康状态。摆脱亚健康状态最主要的还是靠自己积极主动地采取措施。

1．只吃健康的食物

日常生活中，每天的膳食必须保证糖、蛋白质、脂类、矿物质、维生素等人体所必需的营养物质一样也不少。同时，还应当注意克服两种不良的膳食倾向：一是食物营养和热量过剩；二是为了某种目的而节食，以致食物中某些营养素和热量不足。

除此之外，还应注意这几个方面：一是脂肪类食物不可多食，也不可不食。二是维生素作用巨大，不可缺乏。应尽可能多吃新鲜蔬菜、水果等富含维生素C的食物。三是补钙和安神。饮食中可以有意识地多食用酸奶、奶酪等乳制品，以及鱼干、骨头汤等，这些食品含有丰富的钙质。研究表明，钙具有防止攻击性和破坏性行为发生的镇静作用。

2．加强运动

加强自我运动，可以提高人体对疾病的抵抗能力，还是放松心情的良药。可以制订一个锻炼计划，通过慢跑、骑车、打球，等等，释放情绪，减少自由基的侵害。

3．少烟少酒

吸烟时人体血管容易发生痉挛，局部器官血液供应减少，营养素和氧气供给减少，尤其是呼吸道黏膜得不到氧气和养料供给，抗病能力也就随之下降。少酒有益健康，嗜酒、醉酒、酗酒会削减人体免疫功能，必须严格限制。

4．保证睡眠

睡眠对健康一样意义重大。每天尽量早睡，少熬夜，才能美丽与健康双丰收。睡眠也有很多讲究，比如睡觉前不要生气，不要饮茶或咖啡，不要做剧烈运动；睡觉时不要枕太高的枕头，不要用口呼吸，不要用被子蒙面等。

5. 劳逸结合，张弛有度

不能让身心一直处于高强度、快节奏的生活中，每周远离喧嚣的都市一次。郊外空气中，离子浓度较高，能调节神经系统。适度劳逸是健康之母，人体生物钟正常运转是健康的保证，而生物钟“错点”就是亚健康的开始。

每一个人就是一部历史、一个图书馆。写好历史，充实图书馆的第一财富是自己拥有健康。

“找到自己，身边的人也会舒服”

几乎所有的女人都渴望自己拥有美丽的容貌，对别人具有吸引力。因此，才有那么多“勇敢”的女性甘于做整容手术台上的试验品。然而，通过改变外表这种方法就能达到美的效果吗？对于这个问题，杨澜用一位美学评论家的话来阐明了自己的观点：“我记得台湾一个美学评论家说过：美其实就是自己，我们不可能幻想有一张戴安娜那样容貌的脸，也不可能在有生之年去做一个王妃，能找到自己，身边的人也会过得很舒服。”2007年，19家主流媒体联合评选“2007年中国最美50女人”，杨澜位居榜首。鲍伯·迪伦曾唱过，一个男人要走上多远的路，才能成为真正的男人。套用这句歌词：一个女人，要走上多远的路，才能找到自己。或许杨澜可以告诉我们，她已经找到了。

在现实生活中，真实的你是最能打动人的，因为这样的你有血有肉，有喜怒哀乐。真正有修养的人，气质是从骨子里透出来的，绝不是矫揉造作。一位一向文静内向的女孩突发奇想地有一些怪异的举止，比如在公共场合放声大笑，很显然，她觉得这样做能使自己成为现场众人注目的焦点。不过，男人并没有你想象的那么愚笨，他们懂得判断，也知道如何辨别真伪。做真实的自己，才是成熟女性唯一正确的选择。

令人不解的是，很多平时非常聪明的女人在这方面也会犯糊涂。她们认为仅仅改变自己的装扮风格就能让他人迷惑，这种想法既不成熟也不明智。要知道，江山易改，本性难移，任何人都改变不了自己的性格，还不如老老实实地承认它，更何况这些性格并没有什么不好。女人完全可以发扬自己的优点，改掉缺陷，这样就一定能展现出最佳的风采，表现出一个真实的自我。你就是你自己，你的本色就是你独一无二的美丽。

在这个“她时代”，女人都在高呼“生得漂亮不如活得漂亮”。活得漂亮，就是活出一种精神、一种品位、一份至情至性的精彩。良好的教养、丰富的阅历，优雅的举止、宽广的胸襟，以及一颗博爱的心灵，一定可以让女人活得越来越漂亮。

要想活出自己的精彩，怎能做她人的“副本”？在这个百花争放的“她时代”花园里，你要坚守自己的个性，不盲从她人的美丽，从灵魂深处去认知自己，尽情地释放你的勇敢、你的美丽、你的沁人芬芳。你要坚信，你就是这个人生花园中的一朵奇葩，你有着独一无二的美丽，世界因为你的存在而分外美丽。

看一看杨二车娜姆吧，一个长相并不出众的女子，但她照样活出了自己的美丽，并在人们的心中留下了深刻的杨二车娜姆式“烙印”。一提到杨二车娜姆，人们都会对她啧啧称奇：“她太有个性了！”“她的味道很独特！”“她真不简单！”的确，这个不平凡的摩梭女性的身上，鲜明地体现了活力、社交、性、自由、出走、追求……这些动感十足的词汇，总之，她真是太有自己的一套了。

娜姆唱歌之余笔耕不辍，《走出女儿国》、《中国红遇见挪威蓝》、《你也可以》、《长得漂亮不如活得漂亮》等作品不仅感染了许多中国女人的心，还被译成多国文字，冲击着国外女性的心灵。杨二车娜姆这样评说自己："在常人眼里我长得不算漂亮，但自认活得漂亮；我的这张嘴虽然不够性感，但吃过世上的山珍海味，也吃过人间最多的辛苦；我的这双眼睛虽然不算漂亮，但让我看过了人间各种美景和各种辛酸艰苦！"

"我的性格注定了我的命运只能这样，我喜欢在路上的感觉，我喜欢转换不同的角色，喜欢尝试各种事情，只要我想，我就要去做，没有什么东西可以拦住我！"14岁那年，一支采风队"采"中了她和另外三个女孩到县里参加歌唱比赛。杨二车娜姆的人生由此翻开新的篇章，她抱着唱歌的梦想，独自走进了城市，走进了上海音乐学院，走进了北京中央民族歌舞团，走进了美国东西海岸和世界各地。她这只"中国的夜莺"，用她不可思议的甜美嗓音，向世界宣言她独特的美丽。

生活中的娜姆随性自然。她会找件牛仔裤和T恤衫套在身上，买上很重的东西就那样拎着回去，一点不顾形象，却是活力充沛。她性格直爽，会和装修房子的工人大吵一顿，随后又若无其事给人家买水果，很体贴很乖巧，没把谁当外人。娜姆会去花市，捡几朵花瓣回家放进大盆子，纯粹只为不花钱地美一美。工作中，杨二车娜姆可以一套黑色公主服，一条白金项链，一头长发，素面朝天地去了。社交宴会上，杨二车娜姆又可以着一袭华丽的印度长裙，用东方文化武装自己，大大方方、不卑不亢地表现出她最光亮的地方，轻松成为晚会上风头最劲的女子。

"活出漂亮的自己"——正是这种想法让杨二车娜姆一直发掘自己的特质，坚持自己率真的个性，成了一个从头到脚洋溢着神奇气质魅力的女子。

每个女人都拥有自己独特的美，要善于挖掘你自己独一无二的美丽，让它通过你的言谈举止，你的衣着打扮，感染他人的灵魂。浪漫的女人，就是要敢于做本色的自己，在生活的道路上一路高歌热舞，活出漂亮的自我来！

Chapter 6

真正的魅力，源自富有魅力的人格特质

魅力杨澜："慈善是我的一种生活方式"

1997年，杨澜的第一本书《凭海临风》出版后，杨澜把30万元稿费全部捐给了"希望工程"，并深入大别山做节目来宣传"希望工程"。此后，越来越多的慈善组织找到了杨澜夫妇。"我对慈善活动的邀请基本上都接受了。因为这是一种让人愉快的事情。"现在杨澜作为环保大使、中华慈善总会慈善大使、全国义务献血形象大使、绿色大使、宋庆龄基金会理事等，"身兼数职"。在与慈善事业接触的这些年，杨澜对于慈善的理解也在发生变化。"过去我们总认为，做慈善需要的是一颗善心，很多人把它看做一种'一时兴起'的投入。对于我个人而言，它从一种感性的冲动，变成了一种生活方式。"这样的杨澜不能不让人由衷敬佩。

俗语说："赠人玫瑰，手有余香。"学会付出是美好人性的体现，同时也是一种处世智慧和快乐之道。对此，罗曼·罗兰说得很精彩："快乐和幸福不能靠外在物质和虚荣，而要靠自己内心的高贵和正直。"

一个快乐的男孩吹着口哨，从一片草地走过。他看到道旁的木椅上坐着一个女孩。阳光很好，绿草如茵，而女孩的眼里却满是愁苦和忧郁。男孩随手采了一枝狗尾草，微笑着送给女孩，而后吹着快乐的口哨，慢慢地走远了。

一个再平常不过的清晨，洒水车司机发现了一位衣衫褴褛的小男孩一直尾随其后，一条街，又一条街。司机终于忍不住好奇，停车询问。原来小男孩是个孤儿，今天是他生日，而洒水车放出的音乐，正是那首《祝你生日快乐》。司机得知原委，双眼潮热，邀请小男孩坐在驾驶室。那个清晨，整个城市便回响着温馨的生日歌。

一位医生，在偏远的山区行医，治好一个穷苦的山里人，分文未取。后来，那山里人砍了一捆柴，不辞辛劳地走了几天山路，山一层水一重地把那捆柴背到医生家里，以谢医治之恩。殊不知，在医生所住的城市里，早已没有"烧柴"这个项目了。然而，那捆荒山中枯去的老枝，一定是那位医生在其行医生涯中，收到的最贵重、最昂贵的礼物。

善良的"因果报应"是心存感激的受惠者对施惠者的一种报答。对他人施与善行，往往能收获别人更加丰厚的回报。帮助别人，就是帮助自己，而我们为别人付出的时候，本身就体验到了生命的快乐和富足，就像杨澜，早已把从事慈善活动当成了"让人愉快的事情"。

爱心的回报在哪儿都是相通的。所以我们要学会敞开心扉爱他人，让爱心像玫瑰花儿一样散发芬芳。当关爱的思想治愈疾病、为创伤止痛的时候，当那些与此相反的心态带来痛苦、郁闷和孤独的时候，我们就真正领悟到了博爱的真谛。

有位名人说："人活着应该让别人因为你活着而得到益处。"的确，学会给予和付出，你会感受到舍己为人，不求任何回报的快乐和满足。付出的种类很多，方式也各不相同。有一种付出是对世界的看法、对生活的态度。正是这种对人生的态度，决定了你一生是否幸福。在太多的时候，我们只是在为自己付出。付出我们的汗水和辛劳来换取我们所应得的回报，但生活中我们也常常需要另外一种付出——为别人付出。同时，获得自己所需的财富和精神上的满足。

生活就是这样，当你为别人付出的时候，你的人生也会因你的付出而快乐、升华，你得到的是生命的延长和增值。正如杨澜所说，自己的慈善行为在她的理解中，应该这样来形容："我愿意用我的方式处理我的财富，这样更加容易成为我愿意成为的那个人，这样我觉得更幸福。"

"不能让失去母亲的孩子，再失去母爱"

2008年5月12日，四川汶川突发的地震灾难震动世界。瞬息之间，无数个家庭流离失所，黑镜头下，孩子们沾满泥土的面孔，像坠落尘埃的花瓣牵动了所有母亲的心。地震发生一天后，杨澜就在自己的博客上发表了题为"孩子失去母亲，不能失去母爱"的文章，宣布个人出资30万元，启动开展"关爱孤儿行动"，与全国妇联中国儿童少年基金会一起设立"汶川大地震孤儿救助专项基金"，以协助相关部门安排灾区孤儿现阶段的基本生活、灾后的心理辅导和长期抚养教育工作。并号召各界来关爱这些不幸的孩子："这些孩子已经失去了母亲，但是不能失去母爱，'汶川大地震孤儿救助专项基金'设立后，首先会迅速投入目前最为紧急的抢险救灾之中，更会着眼于这些孤儿在灾后重建中长时间的生活、教育、心理辅导等层面，帮助他们健康成长。我特别希望这个行动得到更多女性朋友的参与，给失去母亲的孩子们送去母爱。"

仅仅一句"不能让失去母亲的孩子，再失去母爱"，就足以让人动容。前人有言："善良即是历史中稀有的珍珠，善良的人便几乎优于伟大的人。”

苏珊是个可爱的小女孩。可是，当她念一年级的时候，医生却发现她那小小的身体里面竟长了一个肿瘤，必须住院接受化学治疗。出院后，她显得更瘦小了，神情也不如往常那样活泼。更可怕的是，原先她那一头美丽的金发，现在差不多都快掉光了。虽然她那蓬勃的生命力和渴望生活的信念足以与癌症——死神一争高低，她的聪明和好学也足以补上被落下的功课，然而，每天顶着一颗光秃秃的脑袋到学校去上课，对于她这样一个六七岁的小女孩来说，无疑是非常残酷的事情。

老师非常理解小苏珊的痛苦。在苏珊返校上课前，她热情而郑重地在班上宣布：“从下星期一开始，我们要学习认识各种各样的帽子。所有的同学都要戴着自己最喜欢的帽子到学校来，越新奇越好！”

星期一到了，离开学校几个月的苏珊第一次回到她所熟悉的教室，但是，她站在教室门口却迟迟没有进去，她担心，她犹豫，因为她戴了一顶帽子。可是，使她感到意外的是，她的每一个同学都戴着帽子，和他们的五花八门的帽子比起来，她的那顶帽子显得那样普普通通，几乎没有引起任何人的注意。一下子，她觉得自己和别人没有什么两样了，没有什么东西可以妨碍她与伙伴们自如地见面了。她轻松地笑了，笑得那样甜，笑得那样美。

日子就这样一天天过去了。现在，苏珊常常忘了自己还戴着一顶帽子，而同学们呢？似乎也忘了。

一个善良的举动，有时就能把人从痛苦的深渊中拯救出来，并且带给他们希望；一个微笑，有时能让人相信他还有活着的理由。

投身慈善事业多年来，杨澜不仅自己作出了许多的贡献，还对慈善事业有了更多自己的看法，她曾作为人大代表向大会提案，完善中国的慈善体制。针对很多人说有些人做慈善不是为了帮助人，而是为了自己的名誉，给自己脸上贴金，杨澜说道："我的观点是，只要人们做好事就应该得到鼓励，哪怕他的目的是为了出风头；现在中国不是做好事的人多了，而是太少了。通过成立'阳光文化基金会'，我能够更切身地感到现在制度的缺失；前一阵我把我在雅典奥运会火炬接力上的火炬拍卖了4万块钱，帮助深圳一位患了关节僵死症的病人完成他最后一项手术——他因为你的帮助而站起来了，能自理自己的生活了，那你每次想到这件事都会觉得挺高兴。我鼓励大家都来获得这种快乐。"

俗话说："心存善念，就是菩萨。"每个做好事的人都应该受到鼓励，每一个人都应该在心中播种善良的种子，日后方能绽放出绚烂的花朵。

真正的优雅从内心绽放

"知性魅力，优雅绽放"这句话堪称对杨澜最恰当的赞美。虽然没有传统意义上的"花容月貌"，但她知性、高贵、优雅的气质早已征服了无数人，并且这种优雅随着时间的积淀越发显现出它特有的魅力，使得年过40岁的杨澜成为众人心目中最美的女人。

一个女人可以长得不漂亮，但一定要做到优雅。岁月可以侵蚀掉花容月貌，但却不会使一个人真正的优雅有丝毫的减损。因为优雅一旦根植在人的身上，它会与人的灵魂相契相合，如玉石般蕴藏着永恒的美感，那感觉随时间流逝而日益醇厚。正因为真正的优雅，可以驱散面容的缺陷，抵制岁月的侵蚀，几乎结合着所有的内在美。所以女孩走向优雅，一定要充实内心世界，注重心灵锤炼，让美好的气质在自己的身上、自己的心中生根发芽。

宋庆龄是中国近代伟大的革命者之一，也是国际上公认的“20世纪最伟大的女性”之一。她出身名门，毕生致力于民族和世界人民的事业，为人民解放、民族团结、国家统一、国际友好、世界和平、妇女进步与儿童福利事业的发展作出了巨大的贡献。然而，接触过她的人都知道，具有伟人般崇高风范的她，也是一位极其优雅的魅力女性，而这都源自她青年时代的自我充实和自我培养。

宋庆龄从小就是一个温文尔雅的孩子。一次，妹妹美龄与几个顽皮的男孩争吵起来，双方竟用石头对打，正在这时，小庆龄走过来，站在他们中间，说：“都不许扔了，这是野蛮行为。”

宋庆龄少年时是个美丽而腼腆的小姑娘。她年仅15岁，就远渡重洋到美国读书。在美国学习期间，她除了学好学校规定的课程外，还经常到图书馆借相当多的历史、文学、传记等书籍来看。因此，她的智慧修养的形成，不仅源于良好的家风家教和先进的学校环境，更源于她酷爱读书的生活品位。

宋庆龄升入大学后，更加勤奋好学。她学的专业是文学，但同时对历史、哲学也表现出浓厚的兴趣，孜孜不倦地阅读大量历史、哲学方面的书籍，博闻强识，寻奥探奇。在知识海洋的畅游中，她进一步成长为一个与众不同的女孩。

经过了青年时代的不断学习和修炼，进步思想和崇高的人生观在她的头脑中已经深深扎下了根。她秀丽端庄、温雅娴静、雍容大方、沉着稳重、睿智坚强，言谈举止中无不流露出一种优雅的气质。也正是青年时代的这种自我培养，奠定了她日后一生做人的气质和风格，使她能在后来的人生抉择中坚持原则、不受利诱、不计利害，形成了最高境界的人格魅力。

真正的优雅来自内心，只有拥有优雅的内心才会有优雅的仪态。真正的优雅无法伪饰，它来自你所受的教育、你的自身修养以及你的美好天性的培植与发展，是人的个性的完整体现和融合，每个女人所能培养出的优雅气质，只能属于她自己。

在能力范围内，善意友善地对待别人

年轻时候的杨澜清纯秀雅，甜甜的笑容宛若邻家女孩。而如今年过40岁的杨澜知性优雅，充满着智慧的魅力，岁月没有夺去她的美貌，反为她添了更多的韵味。而这一切，杨澜归功于内心的力量："要相信积累的力量。还有，就是诚意、善意的力量。在你能力范围内，善意友善地对待别人。"正是这种富有魅力的人格特质，造就了今日具有真正魅力的杨澜。

一天，一个中年妇女见自己家门口站着三位老人，便上前对老人们说："你们一定饿了，请进屋吃点东西吧！"

"我们不能一起进屋。"老人们说。

"为什么？"中年妇女不解。

一位老人指着同伴说："他叫成功，他叫财富，我叫善良。你现在进屋和家人商量一下，看看需要我们当中哪一位？"

中年妇女进屋和家人商量后决定把善良请进屋。她出来对老人们说："善良老人，请到我家来做客吧。"

善良老人起身向屋里走去，另两位叫成功和财富的老人也跟进来了。

中年妇女感到奇怪，问成功和财富："你们怎么也进来了？"

"善良是我们的兄长，兄长在，我们也必须在，因为哪里有善良，哪里就有成功和财富。"老人们回答说。

其实就像这位老人说的那样，善良总是伴随着财富和地位一起而来，我们善待生命中的每一个人，珍惜生命中的每一个人其实也是在善待我们自己。

在我们的生命中，不断地有人离开或进入，我们无法把握时间去改变这些，但是我们却可以用自己的心去珍惜于自己生命中存在过的人。与每一个人的相遇都是一种机缘，当有一天，我们回首的时候，发现那些当初很要好的人已经是天各一方，他们都开始了没有我们的日子，那些曾经大大咧咧地喊他“猪”的昵称的日子似乎已经很遥远了，想念彼人，却发现你已经连他的电话也没有了，于是后悔当初只因为一句话而彼此伤害，后悔没有好好珍惜在一起的日子。

所以，无论是什么时候，每一个人的出现都是自己的福分，感激上天给予的与每一个人的相逢，或许此刻你们亲近无比，但说不准哪一天你们从此分别，永远无法联系，为了我们的人生没有遗憾，善待我们生命中的每一位过客。

遇到你真正的爱人时，要努力争取和他相伴一生的机会，因为当他离去时，一切都来不及了；遇到可相信的朋友时，要好好地和他相处下去，因为在人的一生中，能遇到一个知己真的不容易；遇到人生中的贵人时，要记得好好感激，因为他是你人生的转折点；遇到曾经爱过的人，记得微笑向他感激，因为他是让你更懂得爱的人；遇到曾经恨过的人时，要微笑着向他打招呼，因为他让你变得更坚强；遇到现在和你相伴一生的人，要百分之百感谢他爱你，因为你们现在都得到幸福和真爱；遇到背叛你的人时，要跟他好好聊一聊，因为若不是他，今天你不会懂得这个世界；遇到曾经偷偷喜欢的人时，要祝他幸福，因为你喜欢他时，是希望他幸福快乐；遇到匆匆离开你人生的人时，要谢谢他走过你的人生，因为他是你精彩回忆的一部分。

善待生命中每一个与你擦肩而过的朋友，你的人生将轻松无比，了无缺憾。

第三篇

成功路上的精彩与磨难

杨澜说："我常常被问及成功的秘诀，其实不外有三：第一，自信和他信；第二，遇到不公平的事有正确心态；第三，先为别人创造，建立良好的人际氛围。当今即使一个科学家要出成果，也不可能一个人全面包办，在个体劳动越来越不重要的今天，合作尤其可贵。当然，每个人成功的关键都不一样，如果你是胆怯的人，成功的关键是勇气；如果你是一个爱冒险的人，成功的关键可能是广纳博言。"

Chapter 7

“成功需要自信，也需要他信”

相信自己能飞翔，才能拥有翅膀

当年，当清纯秀丽的杨澜站在《正大综艺》的舞台上侃侃而谈时，观众们不会知道，杨澜能够站在这里，也是经过了一轮又一轮的考核。

当时，杨澜被学校推荐去参选《正大综艺》的主持人时，一同参选的共有1000多人，经过层层的考核，剩下的人越来越少，杨澜也在这种长期的等待中变得心情有些急躁起来，后来有一位导演告诉杨澜：“目前的人选中你是最佳的，但有些人认为你不够漂亮。”“漂亮？又不是选美！”杨澜心里十分不服气。一周后，最终的考核结果终于出来了。虽然听了自己不够漂亮的话，但杨澜毫不气馁，相反，这激起了她的好胜心：即使你们不选我，我也要证明我的素质。因此，在接下来的临场发挥时，杨澜表现得特别自信，在介绍自己时，她说道：“父母给我起‘澜’为名，就是祝愿一个女孩子能有海一样开阔的胸襟，自强、自立。我相信自己能做到这点。”在回忆起这段经历时，杨澜在书里写道：“我的情绪很激动，一个人站在屋子正中，好像是说给评委们听的，也好像是说给自己听的。一口气讲了半个小时，没有一点儿文字参考。说完后，我感到屋子里非常安静。今天看来，按气场的说法，是我的气场把他们‘罩’住了。”结果大家都知道了，杨澜幸运地走上了当时国内最为著名的综艺舞台。

一个想要成功的人就得有杨澜的这种自信和勇气，即使失败，也要证明自己的实力与努力。

有一位诗人说得好：“使世界活跃的不是真理，而是信心！”信心是一种机动性的力量。不过这种力量不是普通的力量，而是一种在我们内心活跃着的力量。正如我们的身体是凭着食物所产生的热能构筑起来的一样，我们的生命之所以活跃、有意义、有用，并不是凭自己的力量，而是因为我们从另外一个来源获得了力量。

一位心理学者曾在一所著名的大学挑选了一些运动员做实验。他要这些运动员做一些别人无法做到的运动，还告诉他们，由于他们是国内最好的运动员，因此他们能够做到。

这些运动员被分为两组，第一组到达体育馆后，虽然尽力去做，但还是做不到。第二组到达体育馆后，研究人员告诉他们，第一组已经失败了，并对他们说：“你们这一组与前一组不同，我们研制了一种新药，会使你们达到超人的水准。”结果，第二组运动员吃了药丸后，果然完成了那些困难练习。事后，研究人员才告诉他们，刚才吃的药丸，其实是没有任何药物成分的粉末做的。如果你相信自己能做到，你就一定能做到。第二组运动员之所以能完成这些困难的练习，是因为他们相信自己一定能够做到。这就是积极的心理暗示所产生的效果。

信心是人类最伟大的力量之一。只要一点点信心，就可以做到原本无法做到的事。当然，这并不是说女性只要自信，就每次都能得到自己想要的东西。远远不是这么简单，总会有风险在里面。但是，自信的女性至少是自己作出选择，而不是听任别人为自己做主（或者是强行为别人做主）。只要她表现良好，说出了自己的感觉，那她就会对自己有信心，提升自尊意识，鼓励自己在人际交往中更加坦率和诚信。

一个人的成功离不开他人的信任

经过层层的考核，杨澜终于脱颖而出成为《正大综艺》的主持人。然而，真正的考验才刚刚开始，由于没有受过任何的专业训练，杨澜的心理压力大极了。节目首次播出后，她也发现了自己存在着的许多问题，正当她对自己产生怀疑时，搭档姜昆却告诉她："命中注定你就是干这一行的。"这一句话给了杨澜莫大的鼓励，冲着姜昆的信任，杨澜更加努力了。为了改掉镜头前眨眼太多的毛病，她试着五分钟不眨一次眼，"浑身冒汗，眼睛发酸，眼泪在眼眶里打转。"在这样的严格要求下，杨澜迅速地成长为一个优秀的主持人。

从杨澜的这段经历，我们可以看出，他人的信任对一个人的成长和成功有着多么积极的作用。管理学大师爱德华兹·戴明说："要是没有信赖感，人与人之间或是团队与团队、部门与部门之间就没有合作的基石。""没有信赖的基础，每个人都会试图保护自己眼前的利益；但是这么做却会对长期的利益造成损害，并且会对整个体系造成伤害。"其实，不仅仅是经商与合作，在我们的日常生活中，信任同样很重要，它就像是人生的一抹阳光，有了它，我们的心情就是一片阳光明媚。

雷诺是一个德行不好的人，好吃懒做不算，还有偷偷摸摸的习惯，所有人都很讨厌他，因为他借了别人钱不还不算，还总是拿去赌博。周围所有的人几乎没人再借钱给他，即使想做个小买卖他都没有钱。于是他跑到一个久未联系的朋友家中，那是他第一次向她张口，他以为她还不知道自己的底细。

雷诺很顺利地拿到了钱，在转身要走的一刹那，她叫住了他："曾有人打电话告诉我说你不会还钱，让我不要借给你，但我相信你不是那样的人，也许他们对你有误解。"

在听到这句话之前，他是准备拿这1000块钱去赌博的，赢了就吃喝玩乐，输了再找人借。但这句话给了他很大的震动，他没有说话，关上门走了。然后他离开了家乡，到外地打工去了。

半年后，他的朋友收到了他从外地寄来的1000块钱。三年后，雷诺衣锦还乡，把从前欠的钱全部还清了。是从那次借钱开始，他知道自己应该有另一种人生，他要让人家对他信任，他再也不愿做骗子了，因为是那个朋友的信任让他从此翻开了人生的另一页。

信赖是人与人之间最高贵、最重要的情谊，人们最值得骄傲的就是自己可以受到别人的信任，自己的所作所为能够无愧于心，并与人坦诚地沟通互信。在日常生活中，很多人都不敢相信别人，总觉得自己的生存环境不能带给自己安全感，害怕别人说自己的坏话，担心别人对自己的好是另有图谋，所以一直小心翼翼地面对生活，面对身边的所有人。其实，有时候我们真的是过于紧张了，没有谁本意就愿意做伤害别人的事情，所以我们要学习去信任我们的朋友，相信我们身边的人，同时也学习让自己成为值得信任的人。

信任能产生一股奇妙的力量，因为得到他人的信任，我们便会对自己充满信心。因信任而催生的行为，也比因怀疑而导致的动作要高尚、伟大得多。

心理学教授恩科带着一群学生做实验。他先让同学们面朝他站成两排，然后命令后排的同学做好救助准备，待他喊了"开始"之后，前排同学就往后排相对位置的同学身上倒。他说："前排的同学别有顾虑，要尽力往后倒。好，开始！”

前排的同学嘻嘻哈哈地笑着，按照恩科教授的指令，身子一点点向后倾斜，但是，大家明显地暗自掌握着身体的平衡，并不肯把好端端的自我撂倒到后面那个人的身上；后排的同学本来已经拉开了架势，预备扮演一回救人于危难的英雄角色，但是，由于前面送过来的重量太轻，他们也只好扫兴地用手轻触了一下别人的衣服就算完事。

可是，这里面有个例外——一位男生在听到恩科教授的指令之后，紧紧地闭上了双眼，十分真实地向后面倒去。他的搭档是一位小巧玲珑的女生。当她感到他毫不掺假地倒过来时，先是微微一怔，接着就倾尽全力去抱住他。看得出，她有些力不自胜，但却倔犟地抿紧了双唇，誓死也要撑起他……她成功了。

恩科教授笑着去握他和她的手，告诉大家说：“他俩是这次实验中表现最为出色的人。没有信任的团队，是无法形成强大的向心力和凝聚力的，在竞争中，他们总会被对手找到漏洞，各个击破，只会落得失败的下场。”

如果你相信别人，别人也会相信你。你以什么样的态度或方式对待别人，别人也会以什么样的态度或方式来对待你。信任是合作的基础，而相互合作的人们就像战场上同一壕沟的战友，你要相信你的“战友”。

故事里的这位男生为大家表演了“信赖”——信赖是什么呢？信赖就是真诚地抽干心里的每一丝猜疑和顾忌，连眼睛都让它暂时歇息，百分之百地交出自己。这名女生为大家表演的则是“值得信赖”——值得信赖其实是信赖催开的一朵花，如果信赖的春风吝于吹送，那么，这朵花就有可能遗憾地夭折在花苞之中，永远都休想获取绽放的权利；当然，如果信赖的春风吹得温暖、吹得和畅，那么，被信赖的人就被注入了一种神奇的力量——就像你们看到的那样，一个弱不禁风的女生可以扶起一个虎背熊腰的男生，一只充满了爱意的手可以托举起一个美丽多彩的世界。

诚信是一切成功者的特质

真理还在穿鞋的时候，谎言已经跑了大半个世界。所以，如果在我们的生活里，人们总是言而无信，其后果真的是不言而喻。想象一下，如果我们置身于一个谎言肆意蔓延的世界将是多么恐怖。上下级之间没有诚信就没有凝聚力；同事之间谎话连篇，各自心怀鬼胎；朋友之间嘴上一套，背地里又是另一套；夫妻之间互相猜疑，同床异梦……

没有诚信就失去了人们相互信赖的基础。谁都听说过“烽火戏诸侯”的故事，周幽王为博得美女褒姒一笑，竟然给诸侯们开起了那么大的玩笑。从前人们似乎只觉得诸侯们被戏耍的可笑，现在我们或许更多地看到周幽王因为失掉诚信的可怜与可悲。

诚信不是写在脸上的印记，而是深入人的骨髓、血液的对人、对己的一种负责态度。

露西的第一份工作是在一家小餐馆当服务员。这个工作虽然很平凡，可是露西却从中明白了很多道理。最让露西难忘的是一位名叫弗雷德·汉斯布鲁克的老顾客。他是一个电器销售员，经常到餐馆来点一份火腿、蒙得利干酪加煎蛋卷做晚餐。每一次，露西一看见他向餐馆走来，就早早收拾好他常坐的桌子，送上他一成不变的晚餐。当然，还不忘给他送上一个灿烂的微笑，这可是做服务员起码的要求。

那时，露西最大的梦想就是拥有一家自己的小餐馆。有一天，她向父母说了自己的想法，并希望他们能资助她，可是他们对她说：“我们没有足够的钱帮助你。”第二天，她带着失望的心情上班。弗雷德一见露西就问："怎么了？你今天一丝笑容都没有。"露西向他和盘托出了自己的梦想和苦恼。他当时一言不发。第三天，弗雷德居然交给露西一张5万美元的支票并给露西写了一张便笺：这笔贷款唯一的抵押是你作为一个人的诚实。好人的梦想应该得到实现。

后来，虽然露西的小餐馆并没有开成，因为她成为一家公司的经理，但是，露西始终没有忘记弗雷德对自己的信任。在攒到足够的资金后，她将5万美元再加上每年14%的利息，归还给了弗雷德。她给约翰回了一张感谢的便笺：这笔贷款是我一生中最成功的一次投资。它帮助一个无助的少女，成长为一名成功的职业经理人。

有多少投资会带来如此大的收益？对露西而言，这笔贷款使她明白信用是最宝贵的财富。

谎言会让我们一生都活在欺骗中。可是在我们的日常生活中，许多人对自己的习惯要求不严，总觉得一些小事，即使做错了也没什么大不了的，所以很多时候我们都不够诚实。生活就是这样的，你对它不诚实，它也会对你不诚实，总有一天，你会发现自己被生活给欺骗了，失去了你原本应该得到的部分。

正如美国政治家罗斯福所说："做一个有信义的人胜似做一个有名气的人。"也许有一天，你会失去你所拥有的地位、财富、权力，但是你做人的信用却不会被时间冲刷掉，它是你人生无形的财富。时刻用诚信点缀你的玲珑芳心，自然会感受到生活的真实。

其实，人生之路，任何失败你都可以坦然面对，唯有失信于人是难以逆转的；任何原则都有灵活性，唯有诚信的原则是绝不可以妥协的，诚信让你的形象屹立不倒。从现在做起，想方设法把答应别人的事情成功做到。不要做"承诺女王"，无限期地拖延你对别人许下的诺言，这对你的信用无益，也是对你形象的严重破坏。

Chapter 8 孤独的勇士成不了胜利的王者

没有完美的个人，只有完美的团队

杨澜离开《正大综艺》后，到美国留学，在即将毕业时，杨澜开始与上海东方电视台共同筹划制作一档《杨澜视线》，介绍并评论美国艺坛、影坛的动态，进而把节目内容扩展到美国社会的各个方面。由于身处异国，节目制作过程中有种种的不便，但整个团队还是高质量录制了节目。谈起其中的艰辛，杨澜最大的感触是团队的力量才是最大的。她说道："在《杨澜视线》的制作过程中，我就深深感到集体配合的重要。""没有全组人员的齐心协力，光凭我一个人，什么也做不成。这不是什么表面上的谦虚话，而是我内心真实的感受。"

俗话说："一个好汉三个帮"，女人在职场上打拼更需要别人的帮助。单打独斗的独行侠注定无法取得成功，真正成就一番事业的人都善于与他人密切合作。事实上，那些成功人士都拥有共创卓越的合作意识，甚至可以说，拥有这种合作精神是个人能否成就事业的根本原因。任何想要成功的人都应该着力追求和培养把个人的创造力融入集体协作的合作精神。

当今时代是一个需要交往的时代，我们离不开与各种类型人的合作；当今时代又是竞争时代，我们只有选择合作，才能成为最具竞争力的一族。

那么，我们应该如何与别人进行合作呢？

1．力所能及时，要主动向别人提供援助

可以说，在现代社会里，只靠自己独立就可完成的工作几乎没有。在社会分工越来越精细的今天，个人作为整个工作环节中的一部分，你的每一项工作都不可能独自完成，必然与他人的工作存在一个接口。这就意味着你的工作需要得到他人的帮助，而要想得到他人的帮助，必须先去帮助他人。只有通过协作才能共同把各自的工作都做好。如果不去考虑别人，不去注意跟别人的合作，那么你一定无法很好地完成自己的工作，也将影响周围人的工作。因此，知识共享和合作精神成为对企业员工的基本要求。

任何事物都不可能十全十美，比如企业的规章、制度，总有些事情是规章、制度无法规定的，也一定会有一些意外的情况出现。在这时，能否主动请缨、毫无怨言地接受任务，是员工优秀与平庸相区别的标志。一般来说，老板都会铭记员工对企业的超额付出，一有机会就会给予回报。所以，当自己力所能及的时候，要主动向别人提供援助。

生活就像山谷的回声，你付出什么，就得到什么；你耕种什么，就收获什么。帮助别人就是强大自己，别人得到的并非是你自己失去的，在一些人固有的思维模式中，一直认为要帮助别人自己就要有所牺牲：别人得到了自己就一定会失去。比如你帮助别人提东西，你就可能耗费了自己的体力，耽误了自己的时间。其实很多时候帮助别人，并不意味着自己会吃亏。如果你帮助其他人获得他们需要的东西，你也因此而得到想要的东西，而且你帮助的人越多，你得到的也越多。

2．创造一个互相信任的合作氛围

合作尤其是多人（多方）合作的过程中，创造一个互相信任的合作氛围非常重要，这涉及合作者能否全心全意地为这个“小集团”贡献自己的每一份力量。

平庸的合作者会急于表达他的主题，抢先作出结论，唯恐被别人抢了风头。而优秀的合作者则首先创造一个互相信任和心心相印的气氛，然后再提供自己经过深思熟虑的看法。在这种情况下，一般后者更能为这个团队带来实质性的建议，且更能推动团队的发展与进步。

3．要让对方具有责任感

心理学家分析说，每个人都愿意得到别人的注意，给人以好印象。广为人知的“赫尔逊工厂的试验”则是这种论断的典型例证。一次，某人事关系专家在赫尔逊工厂做了一个试验，他首先选择一批姑娘参加试验小组。最初改善了试验小组的照明，生产搞上去了。但是，后来把照明恢复到原样，生产仍然上去了。从而得知照明并没有什么特别的效果。以后又进行了缩短工时的试验，生产还是上升了；增加休息时间后，生产又上升了。以后，管理部门对试验小组又延长了劳动时间，这时的生产还是上升。尽管时间长了，但是姑娘们仍然辛勤劳动。看起来似乎没有什么特别的原因让姑娘们那么辛勤劳动。不论提供给她们的伙食好坏，生产效率都提高了。最后，这个谜终于被解开了。那就是姑娘们被选为试验小组，产生了责任感。从前，没有什么人去理睬她们，但是，现在她们得到人们的重视。这正是让她们更加努力的原因所在。

所以，责任感也是密切合作的必要条件。其实，保证你事业有成的方法之一是让与你共事的人喜欢你、欣赏你。只有善于合作，你周围的人才会希望你成功，并尽他们最大的努力来帮助你实现你的目标，同时也实现他们的目标。在团队成员的帮助下，你就能最大限度地发挥自己的才能，并成为举足轻重的一员。

“先为别人创造、建立良好的人际氛围”

在电视传媒领域，杨澜是个颇有人缘的人，一起合作过的、被她采访过的，很多都成了她的好朋友。熟悉杨澜的人都说她是一个亲切合群的人。当今的社会，无论你要做什么事，都离不开和人打交道，在传媒领域工作尤其如此，正是有了丰富的人脉资源，杨澜做起事来更加得心应手，事业更加顺风顺水。当有人问起成功的秘诀时，杨澜说除了自信与他信外，最重要的就是“先为别人创造、建立良好的人际氛围”。

人脉是个人进入成功圣殿的门票，特别是在当前发展迅速的知识经济时代，人脉已成为专业的支持体系。拥有强大的人脉，对内，可以服众；对外，则可以取得客户的信任。正如社会上流传的那句话：一个人能否成功，不在于你知道什么，而在于你认识谁。当然，这句话并不是叫人不要培养专业知识，而是强调人脉的重要性。人脉如此重要，就需要我们要掌握一些拓展人脉的方法和技巧，其中最重要的方法主要有以下几点：

1．主动，便赢得了成功人脉的一半

生活中经常会出现这样一种场面：在生日宴会上，几个好朋友聚在一起欢天喜地地玩玩闹闹，而旁边有人只是一声不吭地吃着东西，没有加入那些人的行列中。这样的人实际上是白白放弃了扩大自己交际圈的好机会。如果能主动争取和别人交流，就会为自己开拓一个自己还不了解的崭新世界，也会促进自己的成功。

拿破仑说：“进攻是使你成为名将和了解战争艺术秘密的唯一方法。”在交际中也是如此，主动进攻，可以使人了解到社会人生所具有的意义，也可以说，寻常人生交际就是一场不流血的、平静温和的“战争”。因此，主动进攻不仅是一种行为风格，从思想上讲，更是一种主动谋略。

2．多结交一些带“圈”的朋友

“二八法则”永远是一个黄金法则。20%的顾客会带给你80%的业务，花80%的时间在你20%的顾客身上，这永远是值得的。

试着多认识一些带“圈”的朋友，多认识一些朋友的朋友。每个人的人脉网都有优劣之分，朋友的朋友也有可能成为你的朋友。这就如同数学的乘方，以这样的方式来建立人脉，效率是出人意料的！

3．人脉也需要互动

维护我们所拥有的人脉资源如同做生意，也是一种平等兑换。我们跟朋友之间之所以可以维持互动关系，是因为我们各自有可以提供给对方的东西，而且这种交换可能是同等价值，也可能是不等价值，通过交换来满足各自的需要，这对双方都有意义。

拓展人脉网时也是这样，没有付出哪有收获，天下没有免费的午餐，拿出你的，获取他的。这样的互动，双方都不吃亏，何乐而不为？

4．抓住时机沟通

我们经过很大的努力，建立了不错的人脉网，但我们能满足于此吗？能使人脉网不断拓展才是最理想的。人缘就像是一种回应，你送出去什么，它就送回什么，你播种什么就会收获什么，你给予什么就会得到什么。因此，要想有个又宽又广的人脉网，你必须不失时机地与人沟通，与人建立长久的联络关系。

在合适的场合、合适的时机拓展人脉时要注意：

（1）真诚地付出。

（2）“哀怨声声”的聚会少参加。

（3）争取在聚会中表现自我。

5．学会化敌为友

一次，林肯总统遇到某议员。该议员批评林肯总统对敌人的态度，“你为什么要试图跟他们做朋友呢？”他质问道，“你应当试图去消灭他们。”

“难道我不是在消灭我的敌人吗？”林肯温和地说，“特别是当我使他们变成朋友的时候。”

这种高深的策略在交际中发挥了不可估量的作用，不能不引起我们的重视。当我们碰到反对自己的对手或者和自己暗自竞争的对手时，我们切莫动怒，若把时间与精力花在考虑如何“击败”对手或者用某种优势压倒对方上，这样只会使怨气越积越深。我们应该寻找机会接近对方，使对方成为自己的朋友，这比摩拳擦掌、明枪暗箭般地斗下去要好得多，也就是《孙子兵法》上提到的“不战而屈人之兵”。

一个人成功的重要因素，是能把许多不认识的人变成新朋友。人与人之间不会完全相同，这种不同常常最明显地体现在一个人的爱好中，并通过行为、习惯、意见等表现出来。我们在接触不同的人时，要注意并尽力把他们与自己融合在一起。

6. 人心叵测，交友需慎

常言道“近朱者赤，近墨者黑”，指的就是经常接触的人对自己的影响。因此，我们在择友时一定要在“良”字上下工夫。固然，“金无足赤，人无完人”，我们选择的朋友，尽管会有这样那样的缺陷，但必须主要方面是好的。

7. 左右逢源，别吊死在一棵树上

有一个硬靠山是好，但他不可能一辈子做你的靠山。只有一个靠山，就相当于把赌注都押在一个人身上，一旦这个人跌倒，你不但失去了依靠，说不定还会跟着他遭殃。因此，聪明的人总是“一颗红心，两手准备”。

找靠山也需要用心衡量，既要左右逢源，照顾到方方面面的利益，又要瞻前顾后，考虑事情全面周到，不能吊死在一棵树上，也不能一条道走到黑。全面出击，左右逢源，为自己的人脉存折多续几份资金，急用之时再把它取出来，随时储备、随时用，千万不能等着急用的时候，却凑不够，让事情半途而废。

8．为你的人脉进行“感情投资”

所谓“感情投资”，就是指能够在人情世故上多一点关心、多一些相助，以后即使遇到大风大浪的情况，也能够相互体谅，“生意不成人情在”。

虽然很少有人能达到“人饥己饥，人溺己溺”的境界，但是你至少可以随时关注一下别人的需要，时刻关心朋友，帮助他们脱离困境。当朋友身体不适时，你应该多去探望、多谈谈朋友关心的话题；当朋友遭遇打击而沮丧时，你应该给予鼓励；当朋友愁眉苦脸、沉默寡言时，你应该亲切地询问他们，这些适时的安慰会像冬日里的阳光，温暖而不刺眼。感情来自交流。平时多加强联系，是拓展人际关系网的最佳润滑剂。

抓住能带你飞翔的人的翅膀

杨澜在自己的散文集中，提到了自己由初出茅庐到声名鹊起的路上所遇到的良师益友们：“姜昆、戴宗显、赵忠祥，我的搭档们都是我称做‘老师’的人，却又与我建立了朋友的关系。如果没有他们的提携，我的那点薄薄的天分何以在短短几年中造就了所谓的‘成功’？我永远会记得，当我摇摇晃晃地走上主持之路的时候，在岔道口，姜昆带着我走了一条正路。对此，我心存感激。”

从杨澜饱含真诚谢意的字里行间我们可以悟出：没有一个人的成功离得开他人的帮助，学会借助生命中遇到的“贵人”能帮助我们在成功的路上少走些弯路。俗话说：“七分努力，三分机运。”我们一直相信“爱拼才会赢”，但偏偏有些人付出的努力和最终的结局无法成正比。究其原因，是缺少贵人相助所致。在向事业高峰攀登的过程中，贵人相助绝对是不可缺少的一个环节。有贵人相助，可以使你尽快地取得成功，可以使你飞黄腾达、扶摇直上。

“借助贵人的力量往上爬”，这是雅芳CEO钟彬娴——全球最成功的华裔女性之一的成功经验。最近，《时代》杂志评选出了全球最有影响力的25位商界领袖，钟彬娴是唯一入选的华人女性，她的成功之路被许多人视为一个奇迹，而奇迹中蕴涵的奥秘其实真的很简单。

1979年，一无背景、二无后台的钟彬娴以优异的成绩从普林斯顿大学毕业。当时她决定在零售业锻炼一段时间，然后再进入法学院学习法律。在她看来，零售业的经验将对她的法律学习有很大的帮助，零售业的经历可以培养她的悟性，锻炼她的脸皮与耐性。于是，她加入了鲁明岱百货公司，成为一名管理培训人员。

钟彬娴的家族都是专业人士，唯独她一个人进入了零售行业。当面对零售工作，与客户打交道时，她体会到了工作的艰辛，但她没有放弃，而是决心在工作中开拓自己的人脉。幸运的是，在鲁明岱百货公司，钟彬娴遇到了公司首位女副总裁万斯。此人自信机智，讲话清晰有力，进取心强烈，是女人中的精品。钟彬娴意识到，如果要在相互搏杀的商业社会里叱咤风云，就必须摆脱亚洲人善于服从的特性的束缚。于是，为了向万斯学习丰富的工作经验和技巧，钟彬娴像对待老朋友一样对待万斯，用心来交流、用真诚来互动，并很快取得万斯的信任，让她心甘情愿充当自己的职业领路人。

“有些人只等着机会来临，”钟彬娴说，“我不这样，我建议人们要抓住能带你飞翔的人的翅膀。”在万斯的帮助下，钟彬娴在鲁明岱百货公司升迁很快，到了20世纪80年代中期，她已成为销售规划经理、内衣部副总裁。

后来，钟彬娴开始兼任有着110多年直销历史的雅芳公司的顾问。

在雅芳，钟彬娴卓越的才华和超绝的人脉拓展能力吸引了雅芳CEO普雷斯的注意力。七个月后，钟彬娴正式加盟雅芳公司。时间长了，她发现在这里没有挡住女性升迁的玻璃天花板，女人也有很宽广的发展空间。很快钟彬娴便在雅芳拥有了自己的人脉资源，并以卓越的管理才能获得普雷斯的认可，与之结为好友。

一个没有任何背景的女性，在40岁出头就能有如此令人羡慕的成就，这不能不说是一个奇迹。而钟彬娴成功的关键就在于善于建立自己的人脉，找对了自己职业生涯中的关键人物。

心理学家曾做过一项研究，研究对象均为学术智商很高的科学家，他们之中有的人出类拔萃，有的人成绩平平。为什么差距这么大？原来有成就的人往往善于交际，拥有自己的交际圈，善于借势，不放过生命中每一个可以帮助自己的“贵人”，因为从那些“贵人”身上可以获得自己所需的物质和精神、脑力和体力上的帮助。

生活中，每个人的精力和交际范围都很有限，如何在有限的交际中获得无限大的收益呢？“二八法则”告诉我们：生命中，20%的付出将产生80%的回报（其余80%的付出却只收获20%的回报）；20%的人际，会对你的一生造成80%的影响。因此，让80%的人喜欢你，避开20%不必交的、不可交的人。

我们要知道，生命中有些人是没有必要深入交往的。比如旅游途中停留客店的房主、上班路上的售票员，这些多是远离你生活圈子的人，只要不让对方讨厌自己就够了。还有的人是不可交的，所谓“择善而交”也正是这个意思。和那些思想堕落、行为腐化、不思上进的人混在一起，只会把自己引上歧途，降低自己的人格，还是远离他们比较好。

此外，努力让80%的人喜欢你，并和你生命中重要的20%的人建立深厚的感情和密切的联系。当然，在80%的人中包括了对你非常重要的

20%的人，你应该与他们建立亲密的关系和深厚的感情。赢得家人的喜欢，增进和他们的感情，因为他们关乎你的成长和生活；多和学习、工作中的关键人物沟通，他们能帮助你顺利从业、愉快工作、寻求发展，这些关乎你一生的成就；和能深入你心灵的朋友多多联系，这关乎你的性情和性格……总之，避开20%不可能成为朋友的人，和80%的人友好而安然地相处，把握20%的关键人物，是获得成功与幸福的不二法门。

Chapter 9
所谓机遇，不过是自我规划的实现

提起杨澜，很多人都说她太幸运了。从著名节目主持人到制片人，从传媒界到商界，她一次次成功实现了她人生的转型。杨澜是幸运的，但这种幸运，并非人人都有，也不是人人都能驾驭的。它需要睿智的眼光、独到的操控能力，是职业经历累积到一定程度厚积薄发而来。就像杨澜自己说的那样："一次幸运并不可能带给一个人一辈子好运，人生还需要你自己来规划。"

幸运从来都不会从天而降

"头发越来越短、见识越来越广、钱包越来越鼓。"这是这几年人们给杨澜的评语。有人说，杨澜是幸运的，但是她的幸运又是必然的。培根曾经说过："一方面，幸运与偶然性有关——如长相漂亮、机缘凑巧等；但另一方面，人能否幸运又决定于自身。幸运的机会好像银河，它们作为个体是不显眼的，但作为整体却光辉灿烂。同样，一个人若具备许多细小的优良素质，最终都可能成为带来幸运的机会。"杨澜亦是如此。

我们常说：机遇偏爱那些有准备的头脑。有的人一味地把自己的不如意归结为“运气不佳”，这只是给自己的疏懒找个借口。如果你在失败者的队伍中询问他们失败的原因，他们中的大多数人将会说：没有机遇，没有人帮助、提拔他们。他们还会说：优秀的人太多了，好的职位已被别人占据，一切好的机遇都已被别人捷足先登，所以他们毫无机遇了。能够成功的人却不会如此推脱。他们默默地工作，他们不怨天尤人。他们稳扎稳打，他们不指望别人的帮助，他们依靠的是自己。亚历山大在一次胜仗之后，有人问他：“假如有机遇，你想不想把第二个城堡攻下来？”“什么？机遇？我从不等待机遇，我会去制造机遇！”

一般人等待机遇以至成为一种习惯，这真是很可怕的事。工作的热情与精力，就在等待中逐渐消磨。那些不肯工作而只会胡思乱想的人是根本看不到机遇的，只有那些勤恳工作奋发向上的人，才有看见机遇的可能。

在一次洪灾中，一个虔诚的信徒被冲到洪水中，他不会游泳，但他始终坚信上帝会来救他。就在他快被淹死的时候，有一艘船经过，船上的人叫他赶快上船，他回答：“不用了，上帝一定会来救我的。”这个人一直在海中挣扎，这时又来了另外一艘船，船上的人又叫他赶快上船，他还是回答说：“不用了，上帝一定会来救我的。”

在生死关头，空中飞来了一架直升机，一根绳子从空中放了下来，机上人员告诉他：“朋友，快上来吧！你会被淹死的。”这个人还是回答说：“不用了，上帝一定会来救我的。”因为他错过了多次获救的机遇，最后还是被淹死了，等他到了天堂，他责问上帝为什么不肯来救他？上帝说：“我派了两艘船、一架直升机去救你，是你自己没有把握住机遇！”

这则故事告诉我们，在平常的生活中，也许已经有许多机遇在等待着我们。或许机遇就在眼前，或许在你的问题当中，就隐藏了一个机遇，然而，你却一直忽略了它们。关键就在于你没有做好抓住机遇的准备。你不妨从身边开始，找寻下一个成功的机遇，或是掌握住现在的机遇，把它做到最好。

别等到“谢幕”时，才下定决心

就像阳光雨露会洒到大地上的每一块地方一样，其实，机遇对我们每一个人都是公平的，关键是一个人面对机遇究竟能不能真正把握住。在能够把握机遇并且充分地利用机遇的人那里，机遇时刻都存在着，他们对机遇就像有经验的船夫利用风一样，两者之间似乎有一种默契。而在对机遇毫无知觉也不会很好地利用的人那里，即使机遇来到眼前，他们也不能及时地抓住，而是常常让机会白白地失去。杨澜告诫所有正在成功之路上努力拼搏的年轻人说：“人一辈子总是要做一点自己的事，有的时候可以拉开很长的时间做，有的时候你只能强度很大地做很多的事。这是你自己无法选择的，如果机会来了，你没有把握住它，懒懒散散，那么过去就过去了，年轻时该拼一下就要拼一下。不要等到‘谢幕’时，才下定决心。”

一个人要抓住机遇，首先要认识到机遇对于事业、人生的重要性，要研究机遇的特点和出现的方式，积极地追求机遇、争取机遇，绝不应在机遇到来时行动迟缓，疏于决断，造成一时甚至一生的缺憾。当然，机遇不可能无缘无故地从天而降，机遇也不可能像路标一样，就在前面静静地等着你。机遇具有隐蔽性，它是隐藏着的；机遇具有潜在性，它等待着开发；机遇具有选择性，它只垂青那些在追求中、在动态中、在捕捉中的人。

这里有一点十分关键。你是被动地、消极地等待机遇，还是主动地去追求？等待机遇不像是等班车，到点儿车就来，机遇要看你的等待状况如何。是不是碰上了机遇，是不是抓住了机遇，是不是失去了机遇，是不是再也没有机遇，这些都是一种现象。而实质问题在于你是否在认真地准备着、在努力地追求着。

有的人机遇就特别多，为什么呢？从他们的经验中，拿破仑·希尔发现，他们都有自己的一套接近机遇、创造机会的方法，我们不妨也试试。

1．机遇来临时，要当机立断

有道是："机不可失，时不再来。"有些人，由于平时没有养成主动接受挑战的精神，当机遇忽然来临时，反而心生犹豫，不知该不该接受。于是，在患得患失之际，机遇擦肩而过，悔之晚矣。因此，在平时就应养成主动接受挑战的精神。在大是大非面前，一定要当仁不让。

2．不想冒风险，出人头地的机会便会大大减少

俗话说："不入虎穴，焉得虎子。"要抓住机会，还得有点冒险精神。因为机会往往是同风险叠合在一起的。因此，在精力旺盛的年龄，最适合扮演一下牛仔角色，为自己的人生增添一点传奇色彩。当然，敢于冒风险的人不会个个成功，但成功者之中，很多人是因为他们敢于冒风险。

3．展示出自己的才能，别人才会帮你抓住机遇

要抓住机遇，仅仅有才能还不够，还需要把才华展示出来，让身边的人尤其是上司知道。这样，机会来临时，有时可能会有这样的情形：你自己没想到抓住这个机遇，可上司却因为觉得你有才华，而帮你抓住了这个机会，让你喜出望外。

4．朋友多机遇也多

善于掌握时机还要多为自己创造机会。那些走运的人不仅会掌握时机，同时还广交朋友，积极为自己创造机会主动结交朋友，多和陌生人交谈，参加各种聚会，喜欢同人打招呼，把自己作为一个“交流场”。这样，你的结交网越大，你发现某种走运机会的可能性就会越多。

持续学习才能创造机遇

很多女人认为，学习只是青少年时代的事情，只有学校才是学习的场所，自己已经是成年人，并且早已走入社会，因而再没有必要进行学习了。

剑桥大学的一位专家指出：“这种看法乍一看，似乎很有道理，其实是不对的。在学校里自然要学习，难道走出校门就不必再学了吗？学校里学的那些东西，就已经够用了吗？”事实上，在学校里学到的东西是十分有限的。工作中、生活中所需要的相当多的知识和技能，课本上都没有，老师也没有教给我们，这些东西完全要靠我们在实践中边摸索边学习。

杨澜在走上工作岗位后就深深意识到了这个问题，不仅仅是学校里学到的东西常感到不够用，而且你所学的和你所要用的常常并不十分一致，这个矛盾在工作一段时间后越来越突出，为此，杨澜毅然放弃了眼前既得的荣誉和成绩，重新做回一个学生，远赴大洋彼岸去读书，为自己补充知识。有了丰厚的专业储备，并时时更新进步，这才是杨澜这么多年来一直作为优秀主持人最有力的支持。

近10年来，人类的知识大约是以每3年增加一倍的速度向上提升。知识总量在以爆炸式的速度急剧增长，知识就像产品一样频繁地更新换代，使企业持续运行的期限和生命周期受到最严厉的挑战。据初步统计，世界上IT企业的平均寿命大约为5年，尤其是那些业务量快速增加和急功近利的企业，如果只顾及眼前的利益，不注重员工的培训学习和知识更新，就会导致整个企业机制和功能老化，成立两三年就会“关门大吉”。

根据剑桥大学的一项调查，半数的劳工技能在1～5年内就会变得一无所用，而以前这些技能的淘汰期是7～14年，特别是在工程界，毕业后所学还能派上用场的不足1/4。因此，学习已变成随时随地的必要选择。“流水不腐，户枢不蠹”，这句古话也可以用在人的智力增长上。你只有不断地学习新东西，才能保持思维的灵动，也只有这样，才能跟上时代的步伐，不被淘汰。

现实生活中有许多女人，尽管她们的资质很好，却一生平庸，原因是她们不求进步，在工作中唯一能看到的就是薪水。因此，她们前途黯淡、毫无希望。如果我们不想成为这种女人，那么我们就必须掌握足够的学习能力，让自己与时俱进。

1．抽时间给自己充电

在风云变幻的职场中，善于创新、充满活力的新人或者经验丰富的业内资深人士不断地拥进你所在的行业或公司，你每天都在与几百万人竞争，因此，你必须不断提升自己的价值，增加自己的竞争优势，学习新知识，并在产业中学到新的技能。否则，你将无法保持现有职位，更别提发展了。每个人都必须具有超前的学习意识和较强的学习能力，唯有如此，才能适应社会的发展需要，成为真正的强者。

无论工作多忙，身体多累，如果你能时时注意去读一些书籍，去获取一些有价值的知识，这必将对你的事业有很大的助益。如利用晚上或周末的时间，到进修学校里去上课，或是买书来进行自学。总之，别忘了给自己充电。

2．每天进步一点点

李嘉诚能有今日的成就，绝非偶然。他晚上睡觉前一定要看半小时的新书，了解前沿思想理论和科学技术，据他自己称，除了小说，文学、史学、哲学、科技、经济方面的书他都读，每天都要学一点东西，这是他几十年保持下来的一个习惯。李嘉诚靠着自己的勤奋努力在商场上纵横驰骋，终成其霸业，每天都坚持学一点东西，使他始终没有被快速发展的时代抛到后面，也使他有足够的智慧应对商场中的各种风险。每天进步一点点是我们不断超越、走向成功的重要原则。

3．掌握科学有效的学习方法

学习要讲究方法，不讲究方法地死读书，就算读一辈子也不会有任何价值，更谈不上成功了。

（1）先学习目前最急需的知识

事情有轻重缓急，学习也是如此。先学习最需要的、最能解决问题的知识，这是聪明的学习之道。

（2）知识要注重综合和全面

如果只顾着学自己感兴趣的东西，那么别的领域你是永远也无法接近的。

（3）选择适合自己的学习方法

有的人适合整本书整本书地读，有的人适合利用细碎的时间整合信息，你一定要选择一种适合自己的学习方法。

改变人生只能靠自己

时下以各种名义的聚会在年轻人中悄然流行着，也许在某次的聚会中你会遇见昔日一起毕业的好友，尽管当时你们才能相当，甚至他不如你，但是他现在有了自己的事业，或许成了某一阶层的“领导者”，他之所以成功，也许有贵人的提拔，也许赶上了一个好的机遇，但是最重要的还是来自他内心深处想要改变自己命运的思想。

从前，一头驴子不小心掉进了一口枯井里，它哀怜地叫喊呼救，期待主人把它救出去。驴子的主人召集了数位亲邻出谋划策，都想不出好办法来。大家倒是觉得反正驴子已经老了，“人道毁灭”也不为过，况且这口枯井迟早都会被填上。

于是，人们拿起铲子开始填井。当第一铲泥土落到枯井中时，驴子叫得更恐怖了，它显然明白了主人的意图。又一铲泥土落到枯井中，驴子出乎意料地安静了。人们发现，此后每一铲泥土打在它背上的时候，驴子都在做一件令人惊奇的事情：它努力抖落背上的泥土，踩在脚下，把自己垫高一点。

人们不断把泥土往枯井里铲，驴子也就不停地抖落那些打在背上的泥土，使自己再升高一点。就这样，驴子慢慢地升到了枯井口，在人们惊奇的目光中，从容地走出枯井。

假如你现在就身处枯井中，求救的哀鸣也许换来的只是埋葬你的泥土。那么，驴子教会我们走出绝境的秘诀，便是拼命抖落背上的泥土，变埋葬自己的泥土为拯救自己的泥土，即将不利因素转化为有利因素。《塔木德》教导人们“要救赎自己”，这种救赎不能靠别人，必须由自己来完成。通过下面的案例，我们来看看犹太人是如何救赎自己的。

美国犹太商人朗司·布拉文是37岁才开始经商的。他的父亲在洛杉矶经营一所拥有100名员工的会计师事务所，他在大学学的是会计学，毕业以后他马上进了父亲的会计师事务所工作。周围人都认为他会顺其自然地成为事务所的第二代继承人，但是，他总是觉得事务所的工作不适合自己，家族的期待和财产反而成了他的噩梦，难以摆脱。

既然他不适合眼下的路，就只能离开。他辞了职，开始尝试经商。

进入商界十几年后，他的公司年交易额已达35亿日元。他主要向日本出口与体育有关的用品、服装及辅助设备等。经销地点除了公司本部的拉斯维加斯和日本外，还有瑞士。他真正的理想是建立世界规模的公司。

生活只能靠自己去选择和创造，所以布拉文选择了放弃会计师事务所，而去追求自己擅长的领域。如果他继续待在父亲的公司，很可能成为一个背着“败家子”名声的失败者。

追求成功得靠实力，追求财富也离不开自身的拼搏。只要拥有了遇事求己的坚强和自信，人人都能成为自己的救世主。改变人生只能靠我们自己，凡事不要依靠别人施舍，也不要希望财富与成功自天而降。只有将命运之舟紧紧地掌握在自己的手中，才能使它准确地驶向成功的彼岸。

Chapter 10

放弃的勇气，选择的智慧

有一种放弃是为了更好地得到

杨澜在《正大综艺》的巅峰状态中“急流勇退”，曾让多少人疑惑不解，有人说她聪明，有人为她可惜，但杨澜自己却是非常清醒理智的，她说“这个选择是我事业的必然、人生的必然，几乎不需要得到更多人的肯定。对于这一选择，我是不加掩饰地感到骄傲的”。在美国完成学业后，杨澜又执著地要回国，让他的先生吴征无可奈何。吴征曾说过：“说实话，直到1996年年初，我一直暗中祈望她能改变初衷，改为在美中两地来回发展。我毕竟在美国已打下一片天下，轻车熟路，好不自在。对杨澜来讲，她也已经可以成为第一个非美国出生，在三大电视网中的一家任职的华裔主持人，拿一份优厚的待遇。但她却坚决不愿意。她说：不是自己的国家，再成功，心中不会满意的。于是，她连现成的绿卡也不拿。”这些放弃，在旁人看来未免替杨澜感到惋惜，但只有杨澜自己清楚自己真正的目标是什么，为了追求更高的目标，有些放弃是值得的。

生活就是这样，很多时候鱼和熊掌不可兼得。这就要求我们要懂得放弃，因为有“舍”才会有“得”，美国大财团洛克菲勒家族用实际行动向我们诠释了这种智慧。

第二次世界大战的硝烟刚刚散尽时，以美、英、法为首的战胜国首脑们几经磋商，决定在美国纽约成立一个协调处理世界事务的联合国。一切准备就绪后，大家才发现，这个全球至高无上、最权威的世界性组织，竟没有自己的立足之地。

买一块地皮，刚刚成立的联合国机构还身无分文。让世界各国筹资，牌子刚刚挂起，就要向世界各国搞经济摊派，负面影响太大。况且刚刚经历了“二战”的浩劫，各国政府都财库空虚，许多国家财政赤字居高不下，在寸土寸金的纽约筹资买下一块地皮，并不是一件容易的事情。联合国对此一筹莫展。

听到这一消息后，美国著名的家族财团洛克菲勒家族经商议，果断出资870万美元，在纽约买下一块地皮，将这块地皮无条件地赠与了这个刚刚挂牌的国际性组织——联合国。同时，洛克菲勒家族亦将毗连这块地皮的大面积地皮全部买下。

对洛克菲勒家族的这一出人意料之举，美国许多大财团都吃惊不已。870万美元，对于第二次世界大战后经济委靡的美国和全世界，都是一笔不小的数目，而洛克菲勒家族却将它拱手赠出，并且什么条件也没有。这条消息传出后，美国许多财团主和地产商都纷纷嘲笑说：“这简直是蠢人之举！”并纷纷断言：“这样经营不要十年，著名的洛克菲勒家族财团，便会沦落为著名的洛克菲勒家族贫民集团！”

但出人意料的是，联合国大楼刚刚建成完工，毗邻地价便立刻飙升起来，相当于捐赠款数十倍、近百倍的巨额财富源源不尽地涌进了洛克菲勒家族财团。这种结局，令那些曾经讥讽和嘲笑过洛克菲勒家族捐赠之举的财团和商人们目瞪口呆。

这是典型的“因舍而得”的例子。如果洛克菲勒家族没有做出“舍”的举动，勇于牺牲和放弃眼前的利益，就不可能有“得”的结果。放弃和得到永远是辩证统一的。然而，现实中许多人却执著于

“得”，常常忘记了“舍”。要知道，什么都想得到的人，最终可能会为物所累，导致一无所获。

生活就是如此，如果你不可能什么都得到的时候，那么就应该学会舍弃，生活有时候会迫使你交出权力，不得不放走机会和恩惠。然而我们要知道，舍弃并不意味着失去，因为只有舍弃才会有另一种获得。

选择是一个痛苦的过程

杨澜曾说过，选择是我们在人生过程中不可避免的，而每一次的选择都是一个痛苦的过程：“为什么要改变一个环境，是觉得自己的某些东西没有得到发挥，没有得到发挥肯定会痛苦。因此，每一次要改变的环境肯定是与周围不和谐的东西已经达到极限，所以每一次选择的过程都很痛苦。”

她曾经回忆自己向《正大综艺》告别的时候：“赵忠祥老师一再叮嘱我：‘咱们别伤感，要有洒脱的心态。’我们力争在主持第二百期时把一切离别之情加以淡化，但我在现场还是哽咽了：因为曾经与《正大综艺》共担荣辱，因为曾经尝过酸甜苦辣、人情世故而生出由衷的人生感喟。”

放弃，对每一个人来说，都是一个痛苦的过程，因为放弃意味着不再拥有。但是，不放弃，想拥有一切，最终你将一无所有，这是生命的无奈之处。生活给予我们每个人的都是一座丰富的宝库，但你必须学会放弃，选择适合自己的，否则，生命将难以承受！

拥有“中国色彩第一人”称号的于西蔓回国建立了“西蔓色彩工作室”。她将国际流行的“色彩季节理论”带到了中国，她使中国女性认识到了色彩的魅力。

于西蔓在日本通过苦读和对色彩的爱好，取得了相关专业色彩的资格。中国同胞的穿着被别人议论的经历使她决定放弃国外的生活，回到祖国开办色彩工作室，让中国人也美起来。

刚开始时，于西蔓只是凭自己的主观确定价位。一段时间后，她发现这并不适合大多数群体。于是，她又重新做了计划，降低价位，并做了很多的辅助工作，结果，取得了很好的效果，年轻的时尚一族纷至沓来，连上了年纪的人也成了工作室的座上宾，热线咨询电话也响个不停。在总结自己的经验时，于西蔓说她成功的主要原因是懂得放弃，因为没有放弃就没有新的开始。

于西蔓几次放弃了自己令人羡慕的工作，虽然其中也有很多不舍，但她深深地了解自己的兴趣、特点及自身的价值。一个人的精力是有限的，不可能把精力分散到每件事情上，不可能期望所有事情都有好的发展。学会适时放弃，才是成大事者明智的选择。

在人生的关键问题上明确“舍得”

“鱼，我所欲也；熊掌，亦我所欲也，二者不可得兼，舍鱼而取熊掌也。”当我们面临选择时，必须学会放弃。放弃，并不意味着失败。像下围棋一样，小的利益虽然放弃，得到的却是更大的利益。但如果想兼得“鱼和熊掌”，恐怕连鱼也得不到了。

在人生紧要处，在决定前途和命运的关键时刻，我们不能犹豫不决，而必须明于决断，敢于放弃。法国作家杜拉斯曾说：“人之一生，不可能什么东西都能得到，总有可惜的事情，总有放弃的东西。不会放弃，就会变得极端贪婪，结果什么东西都得不到。”

对于杨澜来说，阳光卫视是她人生里第一次也是最大的挫败，从小受到的教育是“绝不放弃”，但是当大方向判断有误时，这份努力只会让她越付出越痛苦。在接近两三年的时间里，她每天工作16个小时，怀孕了还坐在谈判桌旁跟人谈判。“有人说，战士和商人不同，战士坚守阵地，直到流尽最后一滴血，而商人就像置身于一个舞厅，随时要想到出口在哪里。而我在商场就像战士一样坚持着。”这是杨澜对自己当时状态的描述，尽管如此，公司仍然亏损下去。有时候出去旅行，她也会走神，想到很多事是别人没办法帮你解决的，而且你还要养活那么多人，动辄就是几十人、几百人的事，责任感对她来说是更大的一种压力。

虽然事后再说起，杨澜的语气已非常平静，但仍有一个细节，透露出那个时期她的彷徨和无助：“我的感受对别人不会表现出来。只有对先生，我会敞开。那时候，我们俩会一块儿谈，谈到早上四五点钟。他说你一定要放弃，你一定要战胜自己的感情。”一个又一个长夜过去，看到黎明，杨澜终于决心放弃，决心承认失败，放弃曾为之投入全部心血的阳光卫视。

人生的获得和丧失，很多都无法由我们自己来左右。有些时候，坚持未必就是好事，或许舍弃才是洒脱，是智者面对生活的明智选择。做一件自己做不到的事情，是对生命的一种浪费，所以有些时候只有学会舍弃，才能卸下人生的种种包袱，轻装上阵，渡过人生的风风雨雨。

加拿大魁北克有一条南北走向的山谷。山谷没有什么特别之处，唯一能引人注意的是它的西坡长满松、柏、女贞等树，而东坡却只有雪松。这一奇异景色之谜，许多人不知所以，然而揭开这个谜的，竟是一对夫妇。

那是1993年的冬天，这对夫妇的婚姻正濒于破裂的边缘，为了找回昔日的爱情，他们打算做一次浪漫之旅，如果能找回就继续生活，否则就友好分手。他们来到这个山谷的时候，下起了大雪，他们支起帐篷，望着满天飞舞的大雪，发现由于特殊的风向，东坡的雪总比西坡的大且密。不一会儿，雪松上就落了厚厚的一层雪。不过当雪积到一定程度，雪松那富有弹性的枝丫就会向下弯曲，直到雪从枝上滑落。这样反复地积、反复地弯、反复地落，雪松完好无损。可其他的树，却因没有这个本领，树枝被压断了。妻子发现了这一景观，对丈夫说："东坡肯定也长过杂树，只是不会弯曲才被大雪摧毁了。"少顷，两人突然明白了什么，拥抱在一起。

生活中我们承受着来自各方面的压力，久而久之终将让我们难以承受。这时候，我们需要像雪松那样弯下身来。舍弃一些东西，不要一味固执，才能够重新挺立，从而避免压断的结局。舍弃是为了更好地选择、更好地、生活，在人生的一些关键问题上，我们要明确地"舍得"，这种舍弃并不是低头或失败，而是为了更好地选择、更好地生活。

曾经有这样一个故事：

父亲给孩子带来一则消息，某一知名跨国公司正在招聘计算机网络员，录用后薪水自然是丰厚的，而且这家公司很有发展潜力，近些年新推出的产品在市场上十分走俏。孩子当然是很想应聘的。可在职校培训已接近尾声了，这要真的被聘用了，一年的培训就算夭折了，连张结业证书都拿不上。孩子犹豫了。

父亲笑了，说要和孩子做个游戏。他把刚买的两个大西瓜放在孩子面前。让他先抱起一个，然后，要他再抱起另一个。孩子瞪圆了眼，一筹莫展。抱一个已经够沉的了，两个是没法抱住的。

"那你怎么把第二个抱住呢？"父亲追问。

孩子愣神了，还是想不出招来。

父亲叹了口气："哎，你不能把手上的那个放下来吗？"

孩子似乎缓过神来，是呀，放下一个，不就能抱上另一个了嘛！

孩子这么做了。父亲于是提醒：这两个总得放弃一个，才能获得另一个，就看你自己怎么选择了。孩子顿悟，最终选择了应聘，放弃了培训。后来，他如愿以偿地成了那家跨国公司的职员。

是啊！如果你什么都不舍得，什么都想要，那又何来心想事成、梦想成真呢？

由美国励志演讲者杰克·坎菲尔和马克·汉森合作推出的《心灵鸡汤》系列读本，这些年来被翻译成数十种语言，感动、激励了无数人。可是谁能想到在开始写作之前，马克·汉森经营的却是建筑业呢？

原来马克在建筑业经营彻底失败，自己也破产之后，果断地选择了放弃，选择了彻底退出建筑业，并忘记有关这一行的一切知识和经历，甚至包括他的老师——著名建筑师布克敏斯特·富勒。他决定去一个截然不同的领域创业。

他很快就发现自己对公众演说有独到的领悟和热情，而这是个最容易赚钱的职业。一段时间之后，他成为一个具有感召力的一流演讲师。后来，他的著作《心灵鸡汤》和《心灵鸡汤2》双双登上《纽约时报》的畅销书排行榜，并停留数月之久。

马克放弃了建筑业，但是你不能简单地说他是个半途而废的人，要知道，在人生的关键问题上，能够明确地"舍得"才能作出更好的选择，从而获得成功。

选择的依据："找到你成功的关键点"

谈到自己的成功，杨澜认为那是因为她找到了自己成功的关键点。起初，她也不知道自己能做好什么事情，在后来的实践摸索中她逐渐认识了自我。1994年，杨澜离开了《正大综艺》赴美念书，原因很简单，她发现自己并不擅长做综艺节目。她更喜欢读书、喜欢思考，于是她就开始转型做访谈节目。在新的舞台上，杨澜果然做出了更出色的成就。杨澜说："每个人成功的关键都不一样，如果你是胆怯的人，成功的关键是勇气，如果你是一个爱冒险的人，成功的关键可能是广纳博言。"我们要做的就是了解自己，找到自己成功的关键点。

张曼玉的成功现在是人尽皆知，而过去，在她成长的道路上，她却曾经为她错误的坚持付出过惨重的代价。刚进入演艺圈的时候，她只肯演妩媚动人的少女，可观众却不认可她那时的表演。这个时候，许多人劝她改换路线，放弃少女形象，也许会取得成功。

这是个好建议，可那时的张曼玉很相信自己的演技、相貌和青春，于是，她固执己见，继续演美貌少女。这样又演了几部戏，结果，还是没有取得她预期的成功。

如此屡遭挫折，她终于痛定思痛，放弃了那些无意义的坚持，决定改变戏路。于是，一个接一个全新的角色就出现了。从《新龙门客栈》里的老板娘到《宋庆龄》里的宋庆龄，从《一门喜事》里的新娘子到《甜蜜蜜》里的打工妹，从《济公》里的放荡妓女到《青蛇》里的可爱青蛇，她角色多变，演技出色，并且得到一致的认可。同时她也赢得了最辉煌的、让别人可望而不可即的成功。

一个人认准一个目标，奋力向前，本来是一件好事情。可是问题在于，如果这个目标是错的话，最后只能是南辕北辙，一事无成。有时，放弃也是一种选择，而且会是更多的选择。在这个取舍的过程中，我们最大的依据就是看所选的道路是不是有利于我们利用自己成功的关键点。

杨澜曾说："在我职业生涯的前15年，我都是一直在做加法，做了主持人，我就要求导演，是不是我可以自己来写台词？写了台词，就问导演，可不可以我自己做一次编辑？做完编辑，就问主任，可不可以让我做一次制片人？做了制片人，就想，我能不能同时负责几个节目？负责了几个节目后，就想，能不能办个频道？人生中一直在做加法，加到阳光卫视，我知道了，人生中，你的比较优势可能只有一项或两项。"

经历过这次失败，杨澜明白了许多，人生不能一直做加法，到一定程度你就要学会放弃，选择真正适合自己做的，这样才能更好地发挥自己的特长，也不至于活得太辛苦。

Chapter 11

“不是所有的故事都有美丽的结局”

每一条成功之路都会有挫折

即便成功如斯，杨澜却觉得自己在事业的发展过程中一点都不顺利。“顺利与成功不是一回事。幸运的是每做一件大的事最后都证明我的选择是对的。比如去美国读书，然后再从凤凰出来做阳光卫视，这些都是很大的跳跃。但在跳的时候都很不顺，现在回头看是成功的，并不证明我跳的时候没有痛苦。”

26岁的时候，杨澜远赴美国哥伦比亚大学，就读国际传媒专业。在异国他乡的生活，比想象中的还要艰苦。有一次，杨澜写论文写到半夜两点钟，好不容易敲完了，没有来得及存盘，电脑就死机了。杨澜当时就哭了，觉得第二天肯定交不了了。宿舍周围很安静，除了自己的哭声，只有宿舍管道里的老鼠在爬来爬去。但最后，她还是擦干眼泪，把论文完成了。谈起这段生活，杨澜说：“有些人遇到的苦难可能比别人多一点儿，但我遇到的困难并不比别人少，因为没有一件事是轻而易举的，需要经历的磨难、委屈，一样儿也少不了。”的确，每一条成功之路都会有挫折，没有谁能够真正的一帆风顺。

荣膺“世界十大知名美容女士”、“国际美容教母”称号的香港蒙妮坦集团董事长郑明明在谈起自己的成功时，说这要得益于父亲的“不倒翁理论”：“我父亲很爱玩不倒翁，他说，奋斗的过程，会不断碰到一大堆困难，只要像不倒翁一样不断站起，理想就会实现。”也正是这样一种信念激励着她在悲观失望的时候，能够勇敢地站起来，重新开始。

1973年，郑明明经历了事业上的一次重大挫折。当时，她的“贵夫人”化妆品已经在印度尼西亚打开了市场。就在雅加达分支机构即将开张时，一场大火将存放化妆品的仓库毁于一旦，她因此耗光了老本还欠了银行一屁股的债。那时，郑明明觉得上天太不公平了！她不仅两手空空，脑海里也似乎空荡荡的了。她在床上躺了两天，不吃也不喝，只想抱怨。就在她极度悲观的时候，她想起了父亲的“不倒翁理论”。她思来想去，没有别的办法，也没有别的路可走，只有依靠自己的双手重新创造一切，把失去的一切再补回来。

事后整整一年，郑明明在香港的店里，带领大家埋头苦干，白天做生意，晚上教学生，谢绝一切应酬，一切从简，每天只限一个半小时处理私事，其余除了吃饭、睡觉全部花在工作上。在一次又一次克服困难之后，她理解了苦难的意义。一年以后，她终于还清了银行贷款，手上逐渐有了积蓄，脸上的阳光驱散了阴影。

挫折似乎是人生必备的大餐，经历过挫折后人才会成长。每个人的一生都会经历很多挫折，而对挫折的认知水平决定了人们未来的发展，我们可以这样说：“问题不在于发生了什么，而在于如何对待它。”

一个极度渴望成功的年轻人在他短短的人生旅途中接二连三地受到打击和挫折，他处于崩溃的边缘，几乎就要绝望了。苦闷的他仍然心有不甘，在彷徨和迷茫中，去请教了一位智者。

见到智者后，他很恭敬地问：“我一心想有所成就，可总是失败，遇到挫折。请问，到底怎样才能成功呢？”

智者笑笑，转身拿出一个东西递给年轻人，他吃惊地发现躺在自己手心的竟然是一颗花生。年轻人困惑地望着智者。

智者问道：“你有没有觉得它有什么特别之处呢？”

年轻人仔细地观看了一番，仍然没有发现它和别的花生有什么差别。

“请你用力捏捏它。”智者见年轻人没有说话，接着说。年轻人伸出手用力一捏，花生壳被他捏碎了，只有红色的花生仁留在了手中。

“请你再搓搓它，看看会发生什么事。”智者又说，脸上带着微笑。

年轻人虽然不解，但还是照着他的话做了，就在他轻轻的一搓之中，花生红色的皮脱落了，只留下白白的果实。

年轻人看着手中的花生，不知智者是何意。“再用手捏它。”智者又说。

年轻人用力一捏，他发觉他的手指根本无法将它捏碎。

“用手搓搓看。”智者说。

年轻人又照做了，当然，什么也没搓下来。

“虽屡遭挫折，却有一颗坚强、百折不挠的心，这就是成功的一大秘密啊！”智者说。

年轻人蓦然顿悟，遭遇几次挫折就要崩溃、绝望了，这样脆弱的心理又怎么能够成功呢？从智者那里出来，他又挺起了胸膛，心中充满了力量。

俗话说：“山不转，路转；路不转，人转。”我国古书《易经》上也说：“穷则变，变则通。”西洋《圣经》上也有这样的记载：“上帝关了这扇窗，必会为你开启另一扇门。”的确，天无绝人之路，上天总会给有心人一个反败为胜的机会。

我们在做某一件事之前，应该对自己的行为以及能力进行切合实际的评估，预先设想可能会发生的种种状况以及应对的方法。这样的话，即使遭遇挫折也不会太过慌张。如果所遇到的困难是没有预想到的，也不要急躁行事或唉声叹气、怨天尤人，乐观地面对、积极地解决问题才是最重要的。只要你已经尽了最大努力去干一件事，即使最终失败了也没有关系。过程比结果更重要。但是无论如何，绝对不能失去重新开始一切的勇气。

根植现实的理想，才能开花结果

我们都在脑子里构造着“理想世界”，尤其是年轻女性，对社会、未来充满着美好的想象。这些理想永远都是“丰满”的，现实却总是显得那么“骨感”。这不是黑色幽默，而是鲜活的事实。不是经过努力，你的理想就能够实现的，现实条件也是很重要的砝码。

2000年3月，杨澜怀抱着理想收购了良记集团，更名为阳光文化网络电视控股有限公司，成功地借壳上市，雄心勃勃地要打造阳光文化的传媒帝国。自此，杨澜开始跨入商界。资本市场上，传媒概念正如日中天，阳光卫视的出现适逢其时，是时势造英雄的绝佳样本。但杨澜未能料到，阳光卫视竟成为她事业上最大的挫折。短短3年间，阳光卫视累计亏损超过2亿港元。2003年6月，杨澜宣布将阳光卫视70%的股权卖给内地一家传媒集团。

这个过程让她学到了很多。杨澜接受记者采访时，总结了这些经验：“创办阳光卫视初期，数字电视在内地开始露出可能大有发展的趋势，依托这样的模式有针对性地宣传，是我们预先设定的经营之路。然而，令我们想不到的是，数字电视收费模式至今没有完全建立起来，以致我们在相当长的时间里走得非常艰难。……这事给我留下了一个宝贵的经验，那就是：一个好的文化理想，一定要有一个合适的商业模式，才有可能最终走向成功。”

阳光卫视的经历也让杨澜明白，如果希望理想站稳脚跟，一定要和市场接轨，只有在现实中才能找到一席之地，否则都是空中楼阁。杨澜的经历也告诉很多对生活充满幻想的女人，你必须要看到现实，理想只有和现实接轨，才能顺利前行。

“现实”，你也许会说，这是一个听起来就残酷的词汇，但是你必须学会面对它。因为现实的确比我们想象的要残酷。善良的女人总把这个世界想象得很美好，并且认为公平合理是生活中应有的现象。但我们经常听人说：“这不公平！”或者“凭什么你可以那么做而我不可以？”整天要求公平合理，而发现公平不存在时，心里便不高兴。应当说这并不是一种错误的心理，但是，如果因为不能获得公平，就产生一种极度消极的情绪，甚至影响到你的生活和工作态度，这个时候就要注意了。

你需要知道，这本来就是个不公平的世界。这个世界不是根据公平的原则而创造的，譬如，鸟吃虫子，对虫子来说是不公平的；蜘蛛吃苍蝇，对苍蝇来说是不公平的；豹吃狼、狼吃獾、獾吃鼠、鼠又吃……只要看看大自然就可以明白，这个世界并没有绝对公平，公平只是童话中的概念。这就是现实，现实不是美好的、公正的、一帆风顺的。做好了承受这一切的心理准备，你才能更从容地面对这个世界，从现实里发现美。

很多时候方法比勤奋更重要

阳光卫视失败的挫折曾经让杨澜很苦恼，她觉得自己已经很努力了，甚至她怀孕的时候，还在进行商业谈判。从小到大，她所接受的教育就是：只要你足够努力，你就会成功。但后来她发现不是这样。如果一开始，你的策略、你的定位有偏差，你选择的方法不对的话，无论你怎样努力都不会成功。许多成功者的经验也告诉我们：很多时候方法比勤奋更重要。

今天的社会，大凡成功的女人，必定是重视寻找方法的人。在她们的世界里，她们相信凡事必有方法解决，而且事实也一再证明许多看似极其困难的事情，只要用心去寻找思路，必定能有所突破。女人要想在当今和未来的竞争中占据主动地位，就要懂得，许多事情中，方法比勤奋更重要。你首先要做的是找对方法，而不是一味地埋头苦干。

日本的松下公司是世界上有名的电器公司，员工待遇优厚、发展空间大，是很多年轻人向往的地方。这年，松下公司要招聘一名高级女职员，一时应聘者如云。经过一番激烈的比拼，纪代美、山田杏子、喜久惠三人脱颖而出，成为进入最后阶段的候选人。她们都在小心翼翼地做着准备，力争使自己成为“笑到最后”的胜利者。

这天早上八点，三人准时来到公司人事部。人事部长给她们每人发了一套白色制服和一个精致的黑色公文包，说：“三位小姐，请你们换上公司的制服，带上公文包，到总经理室参加面试。这是你们最后一轮考试，考试的结果将直接决定你们的去留。”人事部长又说：“我要提醒你们的是，第一，总经理是个非常注重仪表的先生，而你们所穿的制服上都有一小块黑色的污点。毫无疑问，当你们出现在总经理面前时，必须是一个着装整洁的人，怎样对付那个小污点，就是你们的考题。第二，总经理接见你们的时间是八点十五分，也就是说，10分钟以后，你们必须准时赶到总经理室，总经理是不会聘用一个不守时的员工的。好了，考试开始。”三个人立即行动起来。

纪代美用手反复去揩那块污点，结果把污点越弄越大，白色制服最终被弄得惨不忍睹。纪代美紧张起来，红着脸央求人事部长再给她换一套制服。没想到，人事部长抱歉地说：“绝对不可以，而且，我认为，你没有必要到总经理室去面试了。”纪代美一下子愣住了，当她知道自己已经被取消了竞争资格后，泪眼汪汪地离开了人事部。

与此同时，山田杏子已经飞奔到洗手间，她拧开水龙头，撩起自来水开始清洗那块污点。很快，污点没有了，可麻烦也来了：制服的前襟处被浸湿了一大片，紧紧贴在身上。于是，山田杏子快步移到烘干器前，打开烘干器，对着那块浸湿处烘烤着。烤了一会儿，她突然想起约定的时间，抬起手腕看表：坏了，马上就到约定时间了。于是，山田杏子顾不得把衣服彻底烘干，赶紧往总经理室跑。赶到总经理室门前，山田杏子看表，八点十五分，没有迟到。更让她感到庆幸的是，白色制服上的浸湿处已经不再那么明显了，要不是仔细分辨，根本看不出曾经洗过。但堂堂大公司总经理怎么会仔细分辨一个女孩的衣服呢？除非他是一个色鬼。山田杏子正准备敲门进屋，门却开了，喜久惠大步走出来。山田杏子看见，喜久惠的白色制服上，那块污迹仍然醒目地躺在那里。山田杏子心里踏实了，她自信地走进办公室，得体地道声：“总经理好。”总经理坐在大办公桌后面，微笑地看着山田杏子白色制服上浸湿的那个部位，好像在“分辨”着什么。山田杏子有点不自在。这时，总经理说话了：“山田杏子小姐，如果我没有看错的话，你的白色制服上有块地方被水浸湿了。”山田杏子点了点头。“是清洗那块污渍所致吗？”总经理问。山田杏子疑惑地看着总经理，点了点头。总经理看出山田杏子的疑惑，浅笑一声道：“污点是我抹上去的，也是我出的考题。在这轮考试中，喜久惠是胜者，也就是说，公司最终决定录用喜久惠。”

山田杏子感到愕然：“总经理先生，这不公平。据我所知，您是一位见不得污点的先生。但我看见，喜久惠的白色制服上，那块污点仍然清晰可见啊！”总经理说，问题的关键是“山田杏子小姐，喜久惠小姐没有让我发现她制服上的污点。从她走进我的办公室，那只黑色公文包就一直优雅地横在她的前襟上，她没有让我看见那块污迹”。山田杏子说：“总经理先生，我还是不明白，您为什么选择喜久惠而淘汰我呢？我准时到达您的办公室，也清除了制服上的污点，而喜久惠只不过耍了个小聪明，用皮包遮住了污点。应该说，我和喜久惠打了个平手。”

“不！”总经理坚定地说，“胜者确实属于喜久惠，因为她在处理事情时，思路清晰，分清了主次，善于利用手中现有的条件，她的问题解决得从容而漂亮。而你，虽然也解决了问题，却是在手忙脚乱中完成的，你没有充分利用你现有的条件。其实，那只公文包就是我们解决问题的杠杆，而你却将它弃之一旁。如果我没猜错的话，你的‘杠杆’忘在洗手间里了吧？”山田杏子终于信服地点了点头。总经理又微笑地说：“如果我没猜错的话，喜久惠小姐现在应该在洗手间里，正清洗她前襟处的污渍呢！”

从成功的角度来讲，两点之间最短的距离并不一定是条直线，而可能是一条障碍最小的曲线。要找到这条曲线，需要一个时时寻找方法去处理事情和面对困难的大脑。思路开阔的人，会养成寻找方法而不惧怕困难的习惯，并且力争做到最好。只要你善于寻找解决问题的方法，你完全可以“快刀斩乱麻”，轻松简便地获取成功。

“不是所有的故事都有美丽的结局”

退出阳光卫视这次人生中第一次大的挫折让之前一直一帆风顺的杨澜意识到了一个道理，那就是不是所有的故事都有美丽的结局。坦然接受已发生的一切，才是人生的大智慧、大气魄。

在世界最深处——11000多米的马里亚纳海沟，海水又冷又黑，千百年来沉寂无声，连低等植物都无法生长。但偶尔有一些小光点缓缓移动，那是安康鱼身上放射出来的光芒。安康鱼的背上生长着发光器，像一盏玲珑的小灯笼，照亮自己永远暗无天日的生活。如大海一样，生活之中不可能永远阳光灿烂，当黑暗、厄运暂时来到身边时，我们要学会去坦然接受和适应。

有一棵苹果树，终于结果了。第一年，它结了10个苹果，9个被拿走，自己得到1个。对此，苹果树愤愤不平，于是自断经脉，拒绝成长。第二年，它结了5个苹果，4个被拿走，自己得到1个。“哈哈，去年我得到了10%，今年得到20%！翻了一番。”这棵苹果树心理平衡了。

其实，它还可以这样：继续成长。譬如，第二年，它结了100个果子，被拿走90个，自己得到10个。很可能，它被拿走99个，自己得到1个。但没关系，它还可以继续成长，第三年结1000个果子……

对于这棵苹果树来说，得到多少果子不是最重要的。最重要的是，苹果树在成长！等苹果树长成参天大树的时候，那些曾阻碍它成长的力量都会微弱到可以忽略。不要太在乎果子，成长与快乐才是最重要的。

很多时候，我们都喜欢设想，设想所有发生在自己身上的事最终都有一个美丽的结局，遗憾的是，人生不是一场单纯的喜剧。所有欢欣的、所有悲伤的结局，无论你愿意接受还是不愿意接受，都会成为生活的真相，且成为不可更改的历史。

有个成语叫“木已成舟”，听到这个词，就会觉得人生有很多无奈。在我们的生活中，不是经常面临着许多“木已成舟”的事实吗？比如，我们没有出生在经济发达的美国，高考的时候遭遇了变革，毕业后不再分配而是自主择业……有人哀叹生不逢时，有人抱怨命运不公。既然有些事情是我们不能把握和控制的，再多的抱怨也无济于事，我们就只能接受，再想办法去改善。就像我们打扑克，分到你手上的可能是一手好牌也可能是一手烂牌，但无论如何，我们都要想办法发挥出最高的水平，争取赢下这一局牌。

遭遇寒冬，很多人会设想暖春来慰藉自己，这本无可厚非，但若是沉溺其中，这些假设就会成为我们心灵的枷锁，让我们学会逃避，不敢面对事实真相。我们要学会敢于接受真相，不和过去的任何事情较劲，才有精力去“改造”自己不尽如人意的命运。

人生不如意事十之八九。面对不幸、厄运，能否保持一份豁达的情怀，能否保持一种积极向上的人生态度，这需要博大的胸襟、非凡的气度。不计较一时的得失，在彷徨、失意中修养自己的心灵，这就是最大的收获。

Chapter 12 成长的意义大于成功

可能有人阻碍你成功，但没人阻挡你成长

1994年《正大综艺》已制作了200期，就在这时，26岁的杨澜作出了一个令所有人都惊异的决定，她要飞向大洋彼岸，攻读哥伦比亚大学国际传媒硕士学位。

这并不是心血来潮、一时冲动。在不断被媒体追问的过程中，杨澜道出了“急流勇退”的前因后果：“当时我在中央电视台是一名当红的主持人，大型的活动都由我去主持。可是，一件小事却让我感觉到我身处的环境极其不安全。

“有一年春节晚会，共有6名主持，多遍彩排之后，有一位主持，导演组突然决定不用了，却没人去通知她。那一天，那位主持兴冲冲地拿着礼服到化妆间，化妆师说没她的名字，结果那位主持黯然神伤地走了。我当时坐在一旁，那一刻我似乎看到了自己未来的影子。我当时心想：今天，如果没有机遇和环境的平台，有多少成功算是你努力的结果？”

这件事情给了杨澜很深的触动。这个世界充满了变数，今天你拥有鲜花和掌声，但这些不一定永远追随你。你能做的就是控制好自己，努力往前走，在变与不变之间根据这个时代的特点做出相应的改

变和调整，只要成长，就能成功。她在北京大学的一次演讲中也谈到了这一点："每个人都在成长，这种成长是一个不断发展的动态过程。也许你在某种场合和时期达到了一种平衡，而平衡是短暂的，可能瞬间即逝，不断被打破。成长是无止境的，生活中很多是难以把握的，甚至爱情，你可能会变，那个人也可能会变；但成长是可以把握的，这是对自己的承诺。我们虽然再努力也成不了刘翔，但我们仍然能享受奔跑的快乐。可能有人会妨碍你的成功，但没人能阻止你的成长。"

因此，我们看到了一个不断成长、变化，不断取得新的成功的杨澜，她永远那样精致精彩，永远那样知性美丽。

1998年，杨澜学成归来后加盟香港凤凰卫视中文台，开创名人访谈类节目《杨澜工作室》，获得巨大成功；2000年，杨澜创办了大中华区第一个以历史文化为主题的卫星频道——阳光卫视，一脚跨入商界；2001年，杨澜应邀担任北京申办2008年奥运会的形象大使；2005年，杨澜辞去阳光卫视的所有职务，走进《天下女人》，杨澜的精彩才刚刚开始。

"我不会承认失败，在这一点上我很成功"

在很多人眼里，杨澜成功得让人吃惊。她在电视传媒领域里所做出的成绩让许多人赞叹不已，但在杨澜看来，这些成绩和荣誉都算不得成功，唯一让她觉得自豪的是她从来不会承认自己是个失败者，杨澜认为自己最为成功的地方，就是一个人经历过后练就的坚韧不拔的意志力。

1832年，林肯失业了。这显然使他很伤心，但他下决心要当政治家，当州议员。糟糕的是，他竞选失败了。在一年里遭受两次打击，这对他来说无疑是痛苦的。

接着，林肯着手自己开办企业，可一年不到，这家企业又倒闭了。在以后的17年间，他不得不为偿还企业倒闭时所欠的债务而到处奔波，历尽磨难。

随后，林肯再一次决定参加竞选州议员，这次他成功了。他内心萌发了一丝希望，认为自己的生活有了转机："可能我可以成功了！"

1835年，他订婚了。但离结婚还差几个月的时候，未婚妻不幸去世。这对他精神上的打击实在太大了，他心力交瘁，数月卧床不起。1836年，他得了神经衰弱症。

1838年，林肯觉得身体状况良好，于是决定竞选州议会议长，可他失败了。1843年，他又参加竞选美国国会议员，但这次仍然没有成功。

林肯虽然一次次地尝试，但却是一次次地遭受失败：企业倒闭、情人去世、竞选败北。要是你碰到这一切，你会不会放弃——放弃这些对你来说是重要的事情?

林肯没有放弃，他也没有说："要是失败会怎样？"1846年，他又一次参加竞选国会议员，最后终于当选了。

两年任期很快过去了，他决定要争取连任。他认为自己作为国会议员表现是出色的，相信选民会继续选举他。但结果很遗憾，他落选了。

因为这次竞选他赔了一大笔钱，林肯申请当本州的土地官员。但州政府把他的申请退了回来，上面指出："做本州的土地官员要求有卓越的才能和超常的智力，你的申请未能满足这些要求。"

接连又是两次失败。在这种情况下你会坚持继续努力吗？你会不会说"我失败了"？

然而，林肯没有服输。1854年，他竞选参议员，但还是失败了；

两年后他竞选美国副总统提名，结果被对手击败；又过了两年，他再一次竞选参议员，还是失败了。

林肯尝试了11次，可只成功了两次，他一直没放弃自己的追求，他一直在做自己生活的主宰。1860年，他当选为美国总统。

没有什么人会随便地平步青云，在成功的背后隐匿着许多他人所不了解的辛酸与苦楚，个中滋味也许只有当事人自己清楚。人生不可能一帆风顺，所以自从你有自我意识的那一刻起，你就要有一个明确的认识，那就是人的一辈子必定有风有浪，绝对不可能日日是好日、年年是好年。当你遇到挫折时，不要觉得惊讶和沮丧，反而应该视为当然，然后冷静地看待它、解决它。

成功并不确定，享受过程才最重要

有这样一则故事：一个城里人一直怀着一个梦想，那就是攒够了钱去大海边买一幢房子，安享晚年。为了这个梦想，他拼命工作了几十年，熬白了头发，累弯了腰，终于在退休的时候凑够了钱，在海边买到了称心的别墅。

黄昏，他独自来到夕阳下的大海边，望着万顷波涛，回想起自己的一生，感慨不已。这时，他遇到了一位渔翁，两人攀谈起来。他对渔翁说："我终于实现了自己的理想，现在可以朝夕与我热爱的大海为伴，与天地共呼吸，再不必为上司的脸色患得患失。为此我奋斗了一生，得来真是不容易啊！"

渔翁诧异地问："为什么要费这么多的周折呢？你看我，不是早就得到了这一切了吗？"

很多人看到这个故事可能会觉得这位城里人的做法不可取，熬白了头发才达到目标。杨澜也曾看到过这个故事，并把它讲给丈夫吴征听，吴征却有自己的看法，他说："其实，即使守着同一片海洋，老渔翁的体验与这个城里人的肯定不同：一个与生俱来就拥有，另一个千辛万苦地拼搏而得，感叹的内容不一样，珍惜的程度也不一样。我倒是觉得那个城里人经历了两个世界，感悟或许还高于渔翁呢。再说，他不必为明天的鱼价而担心。"

西方著名哲学家尼采说过："人之所以伟大，是因为他是一座桥梁，而非目的。"人的存在本身就是一个过程，而不是为了什么目的，换言之，我们的人生就是一个过程，而不是为寻求一个结果。不要把目的看得太重，那样你会错失人生的美妙过程。

在我们潜意识的深处是一幅美好的田园景象：我们看到自己坐着火车，行进在一条横跨大陆的漫长的旅程中，吸吮着饮料，透过车窗，能看到近处高速公路上流动着的车辆；十字路口向我们挥手致意的孩子；小山旁吃草的牛群；从发电站喷吐而出的烟雾；一片片连绵不断的玉米、麦子地，山川和溪谷；城市建筑的空中轮廓和乡村的小山坡。

可是，很多时候我们会烦躁不安，对车窗外的美景视而不见，诅咒着这些慢悠悠的分分秒秒——等着，等着……在我们心目中，目的地才是最最重要的。在特定的一天、特定的时辰，我们的火车将要进站……

"如果我到了车站，事情就妥了。"我们这样安慰自己。"如果我考上理想的大学……""如果我进了知名的外资企业……""如果我付清住房的贷款……""如果我得到提升……""如果我退休，我就可以永远地享受人生"。但或迟或早，我们全明白，生活中根本不存在什么车站，也没有什么可以到达的地方。

生活中真正的乐趣就是旅行。车站只不过是一个梦，永远可望而不可即，把我们远远地抛在后面。活着，就尽情地享受人生！有人说："幸福与否不在于目的的达到，而在于追求的本身及其过程。"生活中的绝大多数情景就是这样的。珍惜现在，尽可能地享受当下的美好时光吧！

明末崇祯年间，有人画了一幅画，巍然耸立的一棵松树，树下有一方大石，大石上摆着一个棋盘，棋盘上面几颗疏疏落落的棋子，意境深远，若有所指。当时的高僧苍雪大师在画上写了一首诗，将画中之意挥洒得淋漓尽致："松下无人一局残，空山松子落棋盘。神仙更有神仙着，毕竟输赢下不完。"此诗以一个方外之人的超然心境，将所有人生哲学、历史哲学尽包含其中。人生如同一局残棋，你争我夺，世世相传，输赢二字永远也没有定论。

人生如棋局，众生如棋子，输赢下不完，何必工心计。

宇宙间的万事万物时时刻刻都在变化，任何时间，任何地方，一切事情刹那之间都会有所变化，不会永恒存在。生命如莲，次第开放，人生不过一次旅行，漫步在时空的长廊，富贵名利，不过过眼云烟。

20世纪，一位美国的旅行者去拜访著名的波兰籍经师赫菲茨。他惊讶地发现，经师住的只是一个放满了书的简单房间，唯一的家具就是一张桌子和一把椅子。"大师，你的家具在哪里？"旅行者问。"你的呢？"赫菲茨回问。"我的？我只是在这里做客，我只是路过呀！"这位美国人说。"我也一样！"经师轻轻地说。

天地万物，都在永远不息的动态中循环旋转，在动态中生生不已，并无真正的静止。无论是历史，还是人生，一切事物都是无穷无尽、相生相克，没有了结之时。既然人生不过是路过，那何不用心享受旅途中的风景呢。

如果生命是一段旅程的话，那么旅程的起点是诞生，终点就是死亡。在这段旅程中，我们每个人都会欣赏到沿途的无限风光，但景色再美，我们都要到达生命的终点站。生命的历程有长有短，因此路途中总会有人不断到站，当亲人离去时，我们要学会淡忘忧伤，当我们到站时，我们更要学会豁达面对。只要我们好好生活，珍惜生命旅途，在临近终点时我们便能坦然地说："感谢生命，我已经真正地经历过了。"

第四篇

“爱情和家庭，是我最幸福的满足”

在旁人看来，杨澜拥有的很多，事业、财富、名誉、地位……但在杨澜眼里，这些都不是最重要的，她曾写道：“命运无常，谁也不可能一直走上坡路，甚至刻苦努力也不一定保证成功……今天的名与利是我们的劳动所得，问心无愧；明天即使名利淡去，也还有脚下一块坚实的土地，那就是我们的爱情和家庭。”

Chapter 13

“做女人，光优秀还不够”

爱情是永恒的主题

人的一生不能没有爱情，一份美好的爱情，不仅是浪漫的，更是让人感动的，它能让人学会如何去舍得真心，学会付出。杨澜曾用深情的笔触写到她和吴征的爱情：“我们一直在搬家。为了结婚，他把加利福尼亚的房子卖了，搬到了纽约；为了陪我一起回国定居，我们又把纽约的房子退了，搬到上海。‘哪儿才是我们最后的家呀？’我问他。‘有你在的地方。’他不假思索地回答。我永远忘不了他最初送我的那捧红玫瑰。每一朵都是那么完美。关了灯，月光从窗口透进来，那些丝绒般的花瓣折射出柔和的光泽。真的，我们俩很知足：我们的相遇并不算太迟。爱情，在这个很多人听见就露出怀疑眼光的时代，我们俩相信。”

因为相信爱情，他们拥有了最幸福的婚姻；因为相信爱情，即使天涯海角，有爱人在的地方就是他们的家。这份感情让人羡慕，这种幸福令人向往。

很多女人年轻时会认为自己恋爱过，当然，那时候她们确实正在恋爱，但是不少人婚后不久，往往会对此感到疑惑和迷茫。有时候，她们甚至会认为自己的婚姻，可能完全是个可怕的错误。

其实，爱情是个如此神秘的东西，它比你年轻时幻想的情形可能要复杂得多！男人为什么会爱你呢？要知道：你必须让自己变得可爱，才能有人爱你。可是要做到这点，也并不容易，它不是一朝一夕的工夫就可以达成，它需要你坚持不懈地完善自己。因为它和你自身的观点是否发生根本变化有关，和你的人生态度密切相关！使者保罗曾说："爱情会永远成功。"它的意思是，只要你有成熟的爱情观，你就可以获得婚姻的成功，教训、挑剔、抱怨或者以眼泪来哀求都不可能得到。

爱情是男女之间的相互吸引，不是一相情愿的痴情，爱情是这样的一种能力，它可以将热爱生活、热爱生命，珍视亲情、友情以及其他的爱用丰富多彩的方式表达出来。这个世界上没有谁能幸运地得到全部的爱，因此，对于爱，我们不能苛求，只能以感恩的心态待之。如果你希望丈夫爱你，那你必须学会一种他能接受的方式，将你成熟的爱情奉献给他。如果你的另一半是在某些限制感情流露的家庭中长大的男人，你需注意他往往具有很强的自制力，他们能够接受的爱的表达方式一般来说也是含蓄的。假如这样的男人的妻子生活在一个一向感情外露、充满柔情的家庭氛围里，那她一定会为丈夫的感情过于冷淡而感到困惑不安。

爱情到底是什么？相信不少女性都对这个问题产生过思索。我们来听听杨澜的理解："我觉得爱情是一种气质上、性格上的相互吸引，或者互补。为什么喜欢他，说得太清楚了可能就不是了。就是觉得挺舒服，挺谈得来的，他父母也是做教师的，我们都有着海外留学的经历，我们的背景、价值观比较相像，在我遇到的年轻人中，他也是很杰出的。而且他的性格很独特，他的见识与观点往往出人意料，我是比较循规蹈矩的人，他有时候的那种灵感火花的碰撞，想不到的点子，让我特别钦佩。"

其实，爱情不是简单的两情相悦，更不是同情和怜悯，它必须有双方都能接受的表达爱的方式为基础。爱情是奉献，不是索取。如果你想表达对丈夫的爱，就应该对他宽容、体贴，原谅他的失败、满足他的需要，还有，千万不要动不动就指责、批评他。如果采取生硬的态度索求爱情，或者摆出一副可怜兮兮的样子乞求爱情，只能让爱情离你越来越远。

婚姻的归属感是女人的情感需求

很多人赞扬杨澜是成功女性的典范，她在事业上开创了一个又一个崭新的局面，并且拥有了一个幸福的家庭，令天下的女人羡慕不已。我们设想一下，假如没有一个幸福的家庭做后盾，杨澜的精彩肯定要大打折扣。对此，杨澜也是认同的，她曾说："我想告诉大家一句话，优秀的女人是没有好下场的，除非你找到一个好老公。"

再出色的女人，如果身边空空，也会使人觉得凄凉，如一口古井，任由后人来淘出的都是一地清冷月光。如果没有温暖的感情，越聪明越悲哀。婚姻是女人一辈子不折不扣的主旋律。无论强弱美丑，或君临天下、威风八面，或弱不禁风、多愁善感，女人都有一颗待嫁的心。灰姑娘会满心期待提着水晶鞋的王子殿下来寻找她；七仙女也会违抗天命下到人间嫁给董永；被发配到尼姑庵里的武媚娘（也就是后来的武则天），也在日盼夜盼她的如意郎君李治（唐高宗）把她接进宫中……

电影《家有喜事2009》中，吴君如饰演的城中著名文坛才女，推出《单身不是我的罪》一书而大受女性读者欢迎。她性格恶劣、霸道、控制狂，导致单身多年，心底深处也无时不想寻得真爱，将自己嫁出去，故此只好高歌单身言论来掩盖其内心的落寞。故此，当古天乐饰演的所谓的爱情治疗师曹迪克一出现，稍加撩拨，她的一颗恨嫁心就表露无遗。身为女强人的她能力很强，经济独立，她并不需要男人的照顾和扶持，但待嫁的心却与天下女子并无二致。终其原因，还是情感的需求。古人有一句话说得好，“小姑未嫁身如寄”。一个“寄”字道出了未嫁女儿最真实的心理状态，不管她们现下的生活是多么优渥富裕，心理上却总是无法满足，只有婚姻所带来的归宿感，才能使她们的心安定下来。

有人称21世纪是“她”的世纪，女性同男性一样成为社会的主角。但同时也出现了“剩女”一族，且有不断壮大的趋势。杨澜主持的《天下女人》有一期节目就专门讲到了“剩女”这个问题。其中提到：“从20世纪八九十年代把二十八九岁未出嫁的女性称为‘老姑娘’，一直到高度发达的现在，重新把年龄缩小为25岁没嫁出去就是‘剩女’。让我们看到的是，定义的年龄虽在变，但女人没嫁出去到了一定岁数就算剩下了的这一观念却从未改变。”

女人是敏感的动物，自己孤单的时候，看见身边一切成双的事物都会觉得不顺眼，尤其是电视里那些矫情的女主角，明明年纪不大却幽怨不止：“小女子年方二八，还没有许配人家。”想一下自己，年纪都三八有余了，还没对象呢，这电视剧还真是哪里痛就戳哪里啊！承受不住精神压力的人，只能暗下决心不再看这类煽情的肥皂剧。年龄一天比一天大了，可是另一半却不知是在天涯还是在海角，于是，这“剩女”的情愁，也就不知道什么时候才能终结。

也有些女性信奉“不婚主义”，她们看得清楚：如今爱情已经不再是婚姻的前站，所以很多人“爱得容易嫁得难”。可能追自己的人站了一排，以爱情的名义，在婚姻以外兜了一圈，可始终不得进入婚姻的门内。

在这样的爱情逻辑里，婚姻成了一座围城，城内的人想出来，城外的人想进去，唯独“不婚”的“剩女”是“清醒的旁观者”。但是，婚始终是要结的，就如同漂泊在外的游子，再怎么被外面的世界吸引，也终究要回家。那座围城，再怎么令人排斥，再怎么缺乏吸引力，它始终都是女人最终的归宿。

走进婚姻，女人少了许多“琴棋书画”的风雅和诗意，多了些“柴米油盐”的琐碎，反而有了另一种平和、成熟之美。婚姻让女人增添了些许韵味，幸福的婚姻打磨、淘洗，让本来青涩的女人棱角渐去，直到磨砺成珠，珍珠的光彩并不夺目，却最是柔美动人的。幸福的女人用双手将岁月绘成一幅长卷，织成一道风景。她们用青春和生命营造一段幸福的婚姻，她们缠绵的情怀成为男人们避风躲雨的港湾。她们温柔的双肩不再只接受爱情小鸟的停驻，更担起了呵护婚姻的责任。

爱情和家庭，女人脚下最坚实的土地

在旁人看来，杨澜拥有的很多，事业、财富、名誉、地位……但在杨澜眼里，这些都不是最重要的，她曾写道：“命运无常，谁也不可能一直走上坡路，甚至刻苦努力也不一定保证成功，只不过人们往往只看到成功的一面罢了，就像赌场里传出的永远是头彩的消息，至于那些不赔不赚或输得精光的人，大家尽量不去注意。今天的名与利是我们的劳动所得，问心无愧；明天即使名利淡去，也还有脚下一块坚实的土地，那就是我们的爱情和家庭。”

家是什么？社会学家说家是社会的最小细胞；婚姻学家说家是风雨相依的两人世界；文学家说家是宝盖下面养着一群猪。

一个富翁醉倒在他的别墅外面，有一位保安过来，扶起他说：“先生，让我扶你回家吧！”富翁反问保安：“家？我的家在哪里？你能扶我回得了家吗？”保安大惑不解，指着不远处的别墅说：“那不是你的家吗？”富翁指了指自己的心口窝，又指了指那栋豪华别墅，一脸苦笑、断断续续地回答："那，那不是我的家，那只是我的房屋。"可见，家不是房屋，不是物质堆砌起来的空间。

当代作家刘心武说："什么是家？从最宽泛的意义上说，家就是属于个人的私人空间。睡办公室，住集体宿舍，当然都不算有家。家至少是一间独立的屋子，门钥匙属于自己，里面的物品是个人的私有财物，非经同意，外人不得擅入……"

老舍先生在《我的理想家庭》一文中说：

"我的理想家庭要有7间小平房，一间是客厅，古玩字画，全非必要，只要几张很舒服宽松的椅子，一二小桌。一间书房，书籍不少，不管什么版本与古本，而都是我所爱读的。一张书桌，桌面是中国漆的，放上热茶杯不致烫成个圆白印儿。文具不讲究，可是都很好用。桌上老有一两枝鲜花，插在小瓶里。两间卧室，我独居一间，没有臭虫，而有一张极大极软的床。在这个床上，横睡直睡都可以，不论怎么睡都一躺下就舒服合适，好像陷在棉花堆里，一点也不硬碰骨头。还有一间，是预备给客人住的。此外是一间厨房，一个厕所。家中不要电话，不要播音机，不要留声机，不要麻将牌，不要风扇，不要保险柜。缺乏的东西本来很多，不过这几项是故意不要的，有人白送给我也不要……"

生活中，两个人寻找爱人的目的很简单，只是为了获得夫妻的权利，实现夫妻的意义，拥有一个美满的家，从家庭中得到属于自己的那份幸福。

本是相爱才情愿结为夫妻的，但做了夫妻之后却要审视爱、怀疑爱、掂量爱。要求夫妻是恋人。不论婚前婚后都保持恋人的热烈。漫长岁月，沧桑人世，朝夕相伴，也要求彼此新美如画，依依不舍。要求夫妻是朋友。有着朋友的情分，朋友的胸怀，彼此互帮互勉，友谊才能天长地久。要求夫妻是知己。心有灵犀一点通，你读懂我，我读懂你，举手投足，都心心相印，高山流水常相知。只要履行夫妻的责任、义务，你做好夫，我做好妻，在夫妻的意义上彼此无愧，就应该满足了。这就是一个幸福的家。

有一次杨澜问丈夫吴征："据心理学家统计，人在濒死的时候，一生中最有意义的一幕幕会像放电影一样在眼前闪过，猜一猜有什么？"吴征茫然地摇了摇头。杨澜说："没有我主持大仪式的辉煌，也没有你赚钱成功的欣喜。""那有什么？"吴征不解地问。她说："只有一些普通的、有关家庭的事。例如：夫妻久别重逢啦，孩子出生啦，等等。"家对女人来说，就是这样一个感情的港湾，是一个灵魂的栖息地，是一个精神的乐园，是一个女人脚下最坚实的土地。

最幸福的生活莫过于携手而行

杨澜曾在她的《凭海临风》中用浪漫的笔调谈到了她和吴征的婚姻生活："假期的时候，他便牵了我的手，走进细细软软的沙滩，漫步着，看潮起潮落，日出日落。我们曾在海边联过一首诗。'我是万古的波涛，我是千年的海岸。波涛撞击到海岸，才结束了漫长的流浪；海岸拥抱了波涛，才焕发出酝酿的激情。'携手而行，是爱情电影中的俗套，却是我和他生活中实实在在的每一天。"

这样"执子之手，与子偕老"的生活的确惹人羡慕，所谓最幸福的婚姻也不过如此，长长的人生之路，有爱人的携手同行足够了。

有一部广受喜爱的电视剧《金婚》讲述的是一对夫妻在漫长的50年婚姻生活中的琐碎，有初婚的甜蜜，有相互的指责、争执，有中年的疲倦，有遭遇外来诱惑的犹豫，到最后老年的相濡以沫，真实而生动地展现了婚姻的真谛，爱是永恒，但爱不仅仅是玫瑰的娇艳，也有咖啡的苦涩，这才是真正的婚姻，这才是真正的生活。

而在童话故事中，无论是灰姑娘，还是白雪公主，她们都最终和心爱的王子“有情人终成眷属”。故事到此戛然而止，人们从来不去猜想接下来他们的婚姻生活如何，是不是也有争吵？是否也有抱怨？是否也会因“七年之痒”而劳燕分飞？他们真的就能相敬如宾、白头偕老？人们不愿去想，只愿意去品味爱情的浪漫、甜蜜，而不愿去想象婚姻的琐碎。

正所谓：“相爱容易，相处太难。”如果说相爱是一个甜蜜醉人的梦，那么相处就是一个不识相的闹钟。不可否认，爱情常常是在一个充满想象的空间里，因为思念、回忆、憧憬和距离而愈加美丽动人。而当距离消失，想象便失去了飞翔的翅膀，爱情如仙女落入凡尘，柴米油盐、喜怒哀乐、生老病死交织而成的平淡生活渐渐洗去了她的铅华，生活的现实几乎掩盖了浪漫的光环。往日炽热专注的目光变得漫不经心，不厌其烦的绵绵情话变成了言简意赅的三言两语，平日看不够的举手投足渐渐觉得有些碍眼……是不爱了吗？那曾经有过的一切分明历历在目；还爱吗？感觉似乎又不同于从前……

爱情是两个人相互爱慕、相互倾心的丰富的思想感情，她是精神的，所以也是浪漫的，可以不考虑明天的早餐，可以不考虑烦人的家务，可以不考虑柴米油盐酱醋茶，只管尽情地谈情说爱，聊些风花雪月的事；而婚姻是两个人因结婚而产生的夫妻关系，一提结婚自然要买房子、买家具，也必然要穿衣、吃饭、生孩子，衣食住行一样也不能少，而这些都是物质的，深深地扎根在现实的土壤里，因此它是现实的。

很敬佩父母那一辈人，他们大多是相濡以沫白头偕老的。记得在《读者》杂志上读到一则小故事：一对性格完全不同几乎是水火不相容的人，却成就了50多年的好姻缘。有人问老妇人，这么长的岁月，怎么走过来的？她答一个“忍”字；又问男主人，他答一个“让”

字。听似不可思议，实则金玉良言。如果两个人是相爱的，你不能容忍他，你也就不能忍耐除他之外任何一个你重新选择的人，你也就永远无法拥有一份长久而真实的感情，除非你真的不爱。

卡耐基曾说，在所有对爱的诠释里，他最推崇《圣经》里给爱的定义——恒久忍耐。如果你爱一个人，那么就永远忍耐他（她）的一切，反过来，如果你恒久忍耐一个人，那么你一定是非常非常爱他（她）的。

爱情真正的天敌，是时间，是岁月。爱情要战胜时间和岁月，凭的是温情而不是激情，要的是宽容而不是占有，靠的是宽容而不是要求，有的是真诚而不是虚情。

Chapter 14

婚姻最强韧的纽带："精神的共同成长"

做一个好妻子

艾森豪威尔夫人曾经说过："生活带给女人的最伟大生涯，就是做个妻子。"一个女人照顾好全家人的饮食、起居，培育好孩子，全心全意营造好一个家庭的幸福和快乐……难道这个世界上还有其他的工作比这些更加值得尊敬吗？婚姻是女人一生的生态环境，每个走进婚姻的女性都应该努力做一个好妻子。在丈夫吴征眼里，杨澜就是这样一个不折不扣的好妻子："归根结底，杨澜对我来说，是一个好妻子：她有的菜做得很好，有的菜做得不好，但她总是忙着给我做好吃的；她也是我最好的伴侣：我脾气大的时候，有时她耐心，有时她也有脾气，但她总能很快地把我俩都弄得笑起来……"

的确如此，一个男人心目中的好妻子往往都是在生活细节上让他感到舒适的女人。给丈夫做一顿他爱吃的饭，哪怕是像杨澜一样有的菜做得并不好，在男人眼里，其意义不只是果腹，那是她对他爱的最直白、最实际的表示。成功学大师卡耐基认为，"厨房"属阴性名词，它是母性的、包容的，在电视、电影里看到的那些厨房，都散发着暖融融的母性光辉，堪称世界上最博爱、最温暖的地方。当然，再光辉夺目但空荡荡的厨房也比不上有妻子忙忙碌碌身影的小小的厨房，那是我们真实日子的一个浓缩。

做一个好妻子还要有宽容的心态。女人最让男人讨厌的缺点之一就是她的不宽容。能够允许男人沉迷于一些没有意义的小事的女人是宽容的。比如，拿打火机拆来拆去，或整夜地打电脑游戏。这些毛病往往是男人的心理缓冲，宽容他们是更好的关怀和督促，是更深的爱。能够放任男人和朋友们消磨时光的女人是宽容的。因为男人需要时不时地回到少年时光，这是少年时逃避母亲过分的爱和关心的心理的再现。能够让男人和其他女人交往的女人是宽容的。爱美之心人皆有之，男人天生喜欢在所有的女人身上寻找美来观赏，但并不是所有的男人都是见一个爱一个。事实上，有好的观赏力的男人多半会很好地爱妻子。能够在男人不图进取时保持适当沉默的女人是宽容的。总的来说，没有一个男人在一生中都是勇往直前的。大多数男人总会遇到周期性的情绪波动和行为上的调整。鞭打快牛的结果往往适得其反，男人并不总需要激励。

此外，一个好妻子还要给丈夫充分的自由度。对丈夫的职业和兴趣不要做过多的干预。不要逼迫丈夫做不喜欢的工作，因为对于任何人来说，做一件他所喜欢的工作，比领取高薪重要得多。健康、幸福和满足比金钱要重要多了。因此，在两性生活中，除非夫妇能够相互尊重对方的嗜好，并给对方一个空间，否则，没有一对婚姻是幸福和美满的。更深一层说，如果希望两个人有相同的思想、相同的意见、相同的愿望，这是可笑的、愚蠢的想法。这实际上是不可能的，也是令人感到乏味的。

别把婚姻当成一把雕刻刀

《圣经》中神对男人和女人说：“你们要共进早餐，但不要在同一碗中分享；你们要共享欢乐，但不要在同一杯中啜饮。像一把琴上的两根弦，你们是分开的也是分不开的；像一座神殿的两根柱子，你们是独立的也是不能独立的。”

这段话形象地说明了婚姻关系中两个人的韧性关系，拉得开，但又扯不断。谁也不能过度地束缚对方，也不能彼此互不关心，有爱，但是都在适度的范围之内，这才是和谐的婚姻。

杨澜在《凭海临风》中曾提到美国的一本畅销书《男人来自火星，女人来自水星》：“作者认为，男人和女人犹如来自不同的星球，即使生活在一起，也有完全不同的生活逻辑：女人永远都想把男人改造成她们心中完美的模样，而男人呢，则固执地认为自己已经够完美了，于是两人纠缠不休。我们之间当然也有着急上火的时候。事后，他总开玩笑说：‘物极必反，等我老了以后，肯定是世界上脾气最好的老头，你耐心等着吧。’有了这样的承诺，我还能说什么呢？于是干脆放弃了改造他的念头，接受了他的存在。”

生活中很多人似乎并不能体会到婚姻的真谛，在他们眼里，对方身上有很多缺点，他们常常试图通过各种途径让对方改掉坏习惯。可是习惯的产生是日积月累的作用，在自己身上已经存在了十几年或者几十年，当然不会轻易改掉。于是夫妻之间的矛盾就产生了。

夫妻之间产生争执的主要原因，是他们把婚姻当成一把雕刻刀，时时刻刻都想用这把刀按照自己的要求去雕塑对方。为了达到这个目的，在婚姻生活中，一方当然就希望甚至迫使另一方摒除以往的习惯和言行，以符合自己心中的理想形象。但是有谁愿意被雕塑成一个失去自我的人呢？于是“个性不合”、“志向不同”就成了雕刻刀下的“成品”，离婚就成了唯一的一条路。

其实这世界上从来没有十全十美的人，我们也不需要太完美的人，这一点在爱情当中尤其如此。杨澜曾说：“爱情是一种奇迹。所有真正爱过和被爱过的人都认为很自然，而那些没有体验过的会认为很荒唐。我相信这样的说法：女人需要的并不是完美的男人，而是有魅力的男人。”

每个人本身都是“艺术品”，而不是“半成品”，人人都企望被欣赏，而不愿意被雕塑。所以，不要把婚姻当成一把雕刻刀，老想着把对方雕塑成什么模样。婚姻需要的是一种艺术的眼光，要懂得从什么角度欣赏对方，而不是去束缚对方，彼此的空间太小了，谁都会感到不安。

在生活中，我们常常会注意到，在深夜观看足球比赛的丈夫们，身边会有对足球并不是十分感兴趣的妻子陪着；虽然不喜欢厨房的油烟，可是妻子还是每天都准备好了可口的饭菜，等着丈夫和孩子一起分享……

婚姻，不是一个人的付出，只有两个人同心协力，才能营造一个温暖的家。可是并不是所有的人都能注意到对方的付出，甚至有的人会把对方的付出看做想当然的。如果对方稍微有什么地方做得不好，就加以指责，这样的做法无疑会伤害对方的心，会让他（她）觉得一切的努力都白费了。

爱一个人，就应该让他感觉到幸福，而不是要给他原本疲惫的心灵增加新的创伤。所以，在夫妻生活中，一定要相互扶持、相互欣赏、相互鼓励。虽然因为个性的不同，两个人没有办法完全融为一体，但是一定要让对方感受到你的存在，让他体会到你对他的欣赏和爱护。在他犯错的时候，给予善意的提醒，而非指责，有时候一个善意的眼神也会让对方觉得很温暖；在他犯傻的时候，给予适当的爱抚，告诉他“你真可爱”，一句看似不经意的话语，却可以激起爱的涟漪，让对方感受到你的体贴。

每个人都会有缺点，我们要做的是在对方的缺点中找寻到对方的闪光点，而不是试图改造对方，如果你想彻底把爱人改造成自己希望的样子，不如先试着改造自己。

爱情有时候是一种义气

有人说："婚姻是爱情的坟墓。"结婚意味着激情的冷却以及爱情的消逝。爱情光靠感情就能维持住，而婚姻不仅需要感情，还需要很多实际的东西，比如，经济基础、社会认同等。卡耐基说过，婚姻之所以没有了爱情那样鲜明而浪漫的色彩，是因为双方把精力投向了别处，这并不是爱情的消逝，而是对爱情的忽略。的确，婚姻不可能像恋爱那样充满着浪漫与甜蜜，每个人的婚姻不可能如死水一样波澜不惊，必定有很多的磕磕绊绊、吵吵闹闹，很多人沉湎于苦难不能自拔，选择了放弃这段感情。也有很多人选择了另一种纽带来维系婚姻，只是对于这根纽带每个人都有自己的认识。

杨澜说过："婚姻需要爱情之外的另一种纽带，最强韧的一种不是孩子，不是金钱，而是关于精神的共同成长，那是一种伙伴的关系。在最无助和软弱的时候，在最沮丧和落魄的时候，有他（她）托起你的下巴，挺直你的脊梁，命令你坚强，并陪伴你左右，共同承受命运。那时候，你们之间的感情除了爱，还有肝胆相照的义气、不离不弃的默契，以及刻骨铭心的恩情。我经历过很多困惑，但我丈夫吴征就属于特别讲义气的那种，不管你怎么样，我就要跟你一块儿走。这种力量是很强大的。当你走过那段时，回过头你会特别感谢那个人。"这才是真正的爱，不是一时的冲动，不是刹那的激情。爱是一种承诺，它经得起时光的打磨，经得起长久的等待。

决定成为一个人的妻子，就意味着你已做好准备与他相偕相伴一起接受生活对你们的考验。当恋爱的激情消退，你是否还能在他下班的路口静静等待？当大难来临，你是否还能紧紧握住他的手？多少爱情，只有阳光，没有风雨；只有快乐，没有苦痛。爱的时候，都会说你是我的永远，可又有多少爱能抵得过似水的流年……

一个男孩对一个女孩说："如果我只有一碗粥，我会把一半给我的母亲，另一半给你。"

小女孩喜欢上了小男孩。那一年他12岁，她10岁。

他们村子被洪水淹没了，他不停地救人，有老人，有孩子，有认识的，有不认识的，唯独没有亲自去救她。当她被别人救出后，有人问他："你既然喜欢她，为什么不救她？"他轻轻地说："正是因为我爱她，我才先去救别人。她死了，我也不会独活。"于是他们在那一年结了婚。那一年他22岁，她20岁。

全国闹饥荒，他们同样穷得揭不开锅，最后只剩下一点点面了，做了一碗汤面。他舍不得吃，让她吃；她舍不得吃，让他吃。三天后，那碗汤面发霉了。当时，他42岁，她40岁。

因为祖父曾是地主，他受到了批斗。在那段岁月里，"组织上"让她"划清界限、分清是非"，她说："我不知道谁是人民内部的敌人，但是我知道，他是好人，他爱我，我也爱他，这就足够了！"于是，她陪着他挨批、挂牌游行，夫妻二人在苦难的岁月里接受了相同的命运！那一年，他52岁，她50岁。

许多年过去了，他和她为了锻炼身体一起学习气功。这时他们调到了城里，每天早上乘公共汽车去市中心的公园，当一个青年人给他们让座时，他们都不愿坐下而让对方站着。于是两人靠在一起手里抓着扶手，脸上都带着满足的微笑，车上的人竟不由自主地全都站了起来。那一年，他72岁，她70岁。

她说："10年后如果我们都已死了，我一定变成他，他一定变成我，然后他再来喝我送他的半碗粥！"

真爱与"我爱你"无关、与金钱无关、与地位无关、与容貌无关……它仅存于一碗粥、一碗汤面、一个座位、一次相视而笑之间。在漫漫的长夜中，只要有他相伴就足够了，在人生的各种沟沟坎坎中，只要有他相伴就可以了，真爱博大深邃，用包容、用生命的力量守候着你的爱人，10年、20年……情不死，爱永存。

“问世间情为何物，直教人生死相许”，爱情的力量不断激发着两个生命的快乐，一时的激情不足为道，能相偕相伴一起走过人生的风风雨雨，才是真正的爱情。杨澜对婚姻的愿望也是这样简单和朴实，她曾说：“1995年结婚到现在，都14年了，我们都是希望过稳定家庭生活的人。我很相信家庭生活，不是那种对家庭生活抱有怀疑态度的人，我父母感情很好，所以我希望我们能带大两个孩子白头偕老地生活下去。”

婚姻其实很单纯，只有丈夫与妻子

在中国，杨澜的名字几乎是家喻户晓，作为一个名人的丈夫，吴征常常被问道：太太的名气比自己名气大，是不是很不舒服？诸如此类的问题。吴征笑着说早就习惯了，当然一开始的时候稍微有些不习惯，现在早已无所谓。事实上，在海外的华人圈里，吴征早就是一个名气颇响的年轻华人实业家。吴征笑着说：“在香港，我们的名气应该差不多，可能还是我的名气更大一些吧。再就是无论杨澜的名气有多大，她都是我的太太。”在这一点上，杨澜也做得非常好，无论镜头前的她多么风光无限、受人瞩目，回到家里的杨澜，就是一个普普通通的妻子，会像天下所有的妻子一样忙着给老公做好吃的。无论我们有着怎样的社会地位，具有多大的名气，在家庭里，没有领导与群众的区别，没有名人与普通人的界限。一个幸福的家庭，只有丈夫与妻子。

事业对于现代女性来说，已经成为实现自身价值的一个重要途径，是女人自立的根基。但是，职业女性无论何时何地，都必须始终坚持一条不变的原则，就是在任何情况下，都必须无条件地把丈夫放在首位。这样说并不是指你应该抛弃事业，时时刻刻伺候照料丈夫，寸步不离。而是说，你应该在意识上、在心灵深处始终给予丈夫一个无人替代的地位。你应该在干事业的同时，不要忽略丈夫的存在，你可以选择有充分自由的事业，可以适当调整工作的方式，也可以减少无关紧要的应酬，还可以安排固定的时间，以保证你有足够多的时间去关心丈夫、照料丈夫、体察丈夫的感情、满足丈夫的需要。更重要的，是加强与丈夫的情感交流。不要等到你一觉醒来，枕边的丈夫已变成了遥远的陌生人。

在生活中，那些善于计划时间，并能在有效的时间内完成多件事的女人，多半是已婚的职业女性，而不是家庭主妇。她们一只脚站在办公室，一只脚站在家里，虽然脚踏两只船，却能二者兼顾，生活、工作都处理得很好。

李兰在大学期间认识了她的丈夫，他们的恋爱进展很快，毕业后，两个人虽然进了不同的单位，但刚够结婚年龄的他们，还是急不可待地踏上了婚姻的红地毯，走到了同一个屋檐下。婚后的生活温馨和谐。但李兰是一个不安于现状的女人，本来她有着常人难得的爱情，有着一个轻松体面的工作，作为一个女子，如果换成别人，可能就会感到心满意足了，可李兰没有。

有一天李兰在当地的晚报上，看到了一则合资企业的招聘启事。她把自己装扮一新面试去了，没想到一下子就成功了，于是她成了这家合资公司里的一名正式员工。李兰是很有才华的，随着进公司时间的增长，她一路顺风地走了过来，并且节节高升，从主管升到了部门经理。如今的她，公司还配备专用的小轿车负责接送她上下班，她的收入也明显地高过丈夫。

李兰深知丈夫体恤她的辛苦，每天一下班，就帮丈夫做家务。丈夫脾气很好，对她的无理取闹、撒娇都是笑脸相陪，常常还要看她脸色行事。这常常让李兰感动生活真是太幸福了。

李兰一味沉浸在自己的幸福之中，却忽略了丈夫的幸福。她的一切有丈夫包容，可丈夫的一切却无人包容，他只能自我调节，默默忍耐。这种长时间的克制与隐忍使丈夫日渐沉默寡言，李兰有所察觉，却不明其理。但丈夫这个样子却又令她十分心疼，她知道丈夫思念家乡，于是她向丈夫提议一起回老家看看，丈夫欣然同意。

婆婆看到他们的归来，欣喜万分，急忙下厨做饭，一碟碟的美食佳肴端上桌来。吃饭时，婆婆从冰箱里拿出了儿子最爱吃的臭豆腐。丈夫看了李兰一眼，然后摇摇头，他知道妻子最烦那种气味。“下次你一个人来时再吃吧，我给你留着。”婆婆似有所指地接着说，“男人在外跑，也很不容易啊！”这时，李兰察觉到丈夫的眼圈有点红。

李兰心有所动，突然发现自己在丈夫面前只是一味地索取，却从没有真正地付出，特别在自己的事业蒸蒸日上的今天，更是忽略了对丈夫的关心体贴，忘却了一个为人妻应做的事情。于是，她决定尝试“扮演”一回婆婆。

这一天，李兰特意提前下班，准备了一桌丰盛的饭菜，还把一瓶臭豆腐放在醒目位置。丈夫回来后，她已给他准备好拖鞋和洗澡水。吃饭时，她忍着臭味，专注地看着丈夫有滋有味地吃着最爱吃的“臭豆腐”。丈夫的眼圈又红了。从此，撒娇不再仅仅是李兰的专利，丈夫也不再刻意掩饰失意和哀愁。

随着社会的发展，女强人越来越多地涌现了出来，她们在社会中以“强”立足，但在家中却要忘掉“强”。因为家庭需要的是尊重而不是权力。如果你在工作中担任经理或局长之类的职务，就会习惯于对下属发号施令，让他们做这做那，但你要记住千万不要把工作中的权力带回家。当你踏入家门，你要记得你还是妻子，你要主动尽一个家庭主妇的责任，即使因为工作太忙，无暇顾家，也要耐心和丈夫说清，得到丈夫的谅解和支持。在现实生活中夫妻仅仅是夫妻，不要为头衔所拖累，在夫妻的二人世界里，不存在高低贵贱之分，不要有任何的优越感，只有互相理解和尊重，彼此关心与照顾，这才是幸福的婚姻生活。

Chapter 15

做好母亲，是女人最伟大的事业

一个女人做了母亲才能真正成熟

经过了孕育生命的千辛万苦，杨澜最大的感触是：“我觉得，一个女人在做母亲的过程中才真正成熟起来、坚强起来……曾经一身轻快的女孩，从此有了牵挂，曾经任性的女孩，从此有了耐心和自制。”又说：“一旦做了母亲，再胆小的女人也会变得有勇气。这幼小的孩子完全仰仗母亲的保护。如果母亲在困难和危险面前不知所措，那孩子该怎么办呢？”

《圣经》中说：“上帝无法降临在每一个人身边，所以造就了母亲。”由此可见，对母亲宽广而光辉的爱，东西方的认识是一致的。世界上最伟大的爱是母爱，上帝在创造人间“母亲”的时候花了许多的时间，到了“母亲”出世的那天，仆人问道：“您为什么在造她的时候花了那么多的时间啊？”上帝说：“人间的母亲，她具有站立起来就不会弯曲的膝部关节，她靠残羹剩饭就能生活，她拥有能够迅速医治创伤和疾病的亲吻，从挫折到失恋，都能治愈。她有6双手，3双眼睛，她的眼睛可以透过紧闭的房门洞察一切，当孩子们有了过失或麻烦，她眼睛都能够看着他们而不必开口就能表达这样的意思：我理解你们，并爱你们。”母亲，就是上帝派到人间的天使。

虽然母亲似乎是上帝专门派来用自己的翅膀呵护孩子成长的，但杨澜却认为母亲的角色其实不仅仅只有付出，作为父母，同样可以从孩子身上学到很多东西。

假期里，一位富翁父亲带着儿子去农村体验生活，他想让从小锦衣玉食的儿子知道什么是穷人的生活。

他们在一家最穷的人家里待了两天。

回来后，父亲问儿子："旅行怎么样？""好极了！""这回你知道穷人是怎么过日子的了？""是的！""有何感想？"

儿子兴致勃勃地说："真是棒极了，他们一家人真富有啊！咱家只有一只猫，我发现他们家里却有三只猫；咱家仅有一个小游泳池，可他们竟有一个大水库。我们的花园里只有几盏灯，可他们却有满天的星星；还有，我们的院子只有前院那么一点草地，可他们的院子周围全是大片大片的草地，还有好多好多的牛羊鸡鸭、瓜果蔬菜！感谢父亲让我明白了我们有多么贫穷！"

儿子说完，父亲哑口无言。但随即又感慨良深，在孩子的眼中，贫穷与富有的界限不再那么分明，快乐与悲伤的分明也不再那么明确，用孩子的眼光看世界，哪里还会有那么多的不如意呢？小小的惊喜可以被他们扩大成千百倍的快乐。难道不值得大人学习吗？

其实，大人要向孩子学习的还有很多很多，在教育孩子的过程中，父母往往也会有很多感触，受到很多触动。杨澜曾经说过她在养育孩子的过程中学到了很多很多。首先就是与人相处的方式。杨澜的儿子脾气有些急躁，什么事情，他做了一会儿没做出来就会发一顿脾气。遇到这样的孩子，当妈妈的第一反应可能会是呵斥他。但后来杨澜想到，这个时候你要战胜你的冲动，因为就算他被你呵斥住了，但是他心里的情绪依然没得到发泄反而更压抑了。你要压住自己的火气，尽量用温柔的方式去疏导他。推而广之，其实我们与他人相处都是相同的道理，虽然我们的出发点都是好的，但也要考虑对方的心理，采取更妥当的方式向他人表达自己的意思。

杨澜跟孩子学到的第二件事是道歉。很多职业女性最难处理的是家庭和事业的平衡。杨澜不觉得自己分配得很平衡，她只是说“我尽力了。跟孩子每天待三个小时还是八个小时的确不能量化，但作为母亲，尽力了孩子是能体会的。你想办法缩短工作时间赶回来跟他吃一顿饭，或者就算是班级里的演出你也坐在下面看了，孩子是很通情达理的，他们能感觉到你爱他。”——但毕竟还会错过孩子的一些重要时刻。每次她出差，两个孩子都会站在杨澜面前，像法官一样审问她什么时候回来，如果飞机晚点了，这个时候，“要态度诚恳地跟他们道歉，他们会谅解”。

养育孩子，辛苦有很多，乐趣也不在少。正如杨澜所说，一个女人做了母亲才能真正成熟起来，教育孩子的同时自己也得到成长，这才是作为一个母亲最值得庆幸的事。

成功母亲，杨澜快乐育儿经

每个母亲都要面临的一个问题是如何教育孩子，杨澜也不例外。有人问杨澜：“你期待孩子将来成为怎样的人？”杨澜回答：“孩子任何具体的才能都是次要的，最关键的是身心的健康，这是起码的。然后是可以没有障碍地和别人交流，对任何事情都以开朗活泼的态度处理。如果一个社会有太多的人心理不健康，那是非常让人担心的。但是我们在教育自己的孩子时，这方面都没有下足够的工夫。”

的确，孩子的身心教育是每个母亲肩头的责任。对职业女性来说责任尤为艰巨，一方面，你知道没有谁能取代母亲在身边给他们带来的安全感，但另一方面，你又不得不妥协于工作。但杨澜认为这并不是太大的难题：“你爱他们，孩子是特别聪明的，他们一定能感受到。”在家的时候，杨澜多数时间陪在孩子身边，认真地倾听孩子述说每一件事情，和他们分享感受；即使出门在外，也常打电话回去。虽然忙于工作，但杨澜绝对不会忘记孩子的生日和节日，只要有空就和他们去动物园玩。和孩子们在一起的时候，杨澜与他们一同玩拼图、打闹，给他们讲故事。和孩子们一起看电影时，看到有意思的，还会一边看一边和孩子一起大叫。杨澜说：“孩子就希望你陪着他，东扯一句西扯一句。我就经常和他们一起看动画片，还抬杠辩论。最近他们正在看动画片《喜羊羊与灰太狼》，我就跟他们辩论剧情：狼太太的爱情才是真正的爱情，从来吃不到羊也不会离开狼先生。孩子就会很享受这样的时刻，他们觉得妈妈和自己是有共同语言、是平等的。”

一个对孩子的身心健康负起责任的母亲才是一个称职的母亲。卡耐基就曾说道：“一个成功的女人不仅仅是有一个孩子冲她叫‘母亲’，而是她绝对没有辜负孩子的那一声呼唤。”而要做到这一点，应做到如下几个方面：

1．把孩子视为家庭的平等成员，尊重孩子的选择

让孩子自由选择也不是说父母就无所作为，父母可以引导，可以帮助分析，但最终的选择权在孩子手里。如果孩子选择错了，他自己将承担责任，一旦意识到错了，他能很快改正。如果是你帮孩子作出的选择，即使对了，他也不一定会做得很好；要是错了，他会怨恨你的，因为责任在你。

2．认真倾听孩子的意见

父母要与孩子做朋友，家里就不能搞“一言堂”，完全由家长说了算。尤其是遇到与孩子有关的事情，一定要与孩子商议，听取孩子的意见。意见对的，要接受；意见不对的，要作出解释。

3．学着去理解孩子

做父母的应给孩子的成长营造一个宽松、和谐的气氛，并努力深入孩子的内心世界，理解孩子的愿望，尊重孩子的选择，支持孩子的正当要求。同时，也向孩子敞开自己的胸怀，让孩子了解父母的思想，感受父母的喜怒哀乐，争取孩子的信任和理解。这不仅能帮助你真正成为孩子的朋友，而且有助于你更好地引导孩子成长。

4．对孩子成长中的问题用摆事实、讲道理的方法来解决

不要轻易对孩子的行为作出评价、发指令，要尽量引导孩子自己去思考。要多关心孩子的思想和行为，对于问题，应通过谈话、协商，取得相互的沟通和理解，最后求得公正合理的答案。

5．做孩子的朋友，并不意味着要放弃原则，迁就孩子的错误

我们强调给孩子发展兴趣爱好的自由，但并非自由放任。应该把握一定的尺度、提出严格的要求。孩子确实错了，就不能有任何迁就，一定要严肃指出，并作出相应的解释，以免下次重犯。如果是自己也弄不清楚的地方，就不要自以为是、固执己见。自己搞错了的地方，要勇于向孩子承认自己的过失。要用自己的言行、作风给孩子做出表率，引导孩子形成良好的人格品质。

做一个合格的母亲，是上帝给女人最伟大的职责。能做好这一点的，就是个了不起的女人。如今膝下一儿一女的杨澜，可以站在申奥现场，可以和天下女人侃侃而谈，可以主持大型中英文晚会，可以和孩子一起坐在地上捏橡皮泥……真实而似乎又是普通人梦境的幸福让人心生羡慕。而所有的幸福都不是一蹴而就的，因为杨澜会做女人、会做母亲！

言传身教，培养一个品质优秀的孩子

俗话说："榜样的力量是无穷的。"对于孩子来说，最直接的榜样就是他们的父母。家庭是教育的第一课堂，父母是孩子的第一任老师，父母对一件事的态度有时会影响孩子的一生。对于这一点，杨澜深有感触。因为杨澜和丈夫吴征都忙于事业，常年在外面奔忙，儿子和女儿都是在杨澜的父母和公公婆婆抚养下长大的。有一次，杨澜回家看孩子。天真的儿子问她："妈妈，你在干吗？你老是出差觉得有意思吗？"杨澜说："有啊，妈妈做一期节目有几亿人观看。""几亿人看就觉得有意思嘛？"稚气的儿子追问。她亲了亲儿子说："妈妈的工作就是讲故事，觉得有一个好听的故事就讲给更多的人听，让大家都快乐，你觉得没有意思吗？"杨澜的话教育了孩子，用自己的努力给大家带来快乐是件有意思的事——这个思想就在儿子的心里种下了。后来，母亲节的时候，孩子送给杨澜一幅画，上面是妈妈拉着一个小孩子的手，还写着'我爱妈妈'几个字。让杨澜感动不已。

的确，家庭是孩子的第一个课堂，父母的言行对孩子有着不可估量的影响。美国纽约市一位功成名就的建筑师，至今念念不忘父亲对他的教育，曾感慨地带着人们重温父亲当年教育他的一个情景：

11岁那年，全家在新罕布什尔湖中岛上的别墅里度假。那里四周临水，景色迷人，是理想的钓鱼之处。鲈鱼在我们那儿只有鲈鱼节才允许钓。鲈鱼节开始前，我和父亲扛上钓竿，去过一把钓鱼瘾。坐下后，只见一轮明月，波光粼粼，好一个银色世界。忽然，我觉得渔竿那一头沉甸甸地被什么东西拖着，父亲要我沉住气，他用赞赏的目光注视我缓慢地把钓线拉回来，我小心翼翼地把那条筋疲力尽的鱼拖出水面，这是一条我们从未见过的硕大无比的鲈鱼！父亲点燃了火柴，看了看表，10点，离鲈鱼节开始还有两个小时。他再瞧了瞧鱼，又瞧了瞧我，“你得把它放回去，孩子！”

“爸爸……”我不解，继而放声大哭。

“这里还有其他的鱼呀！”

“可没有这条大。”我继续哭闹，顶起嘴来。

月光皎洁，湖面上静悄悄的，周围没有其他人和船。这似乎还有一线希望，我停止哭泣，用恳求的目光注视着爸爸。父亲不再说话，这清楚地表明他的决定是不容违拗的。无奈，我只得把钩子从鲈鱼的唇上拿下，慢慢地把它放回黑沉沉的水中，那鱼在水中一下子就消失了。真懊恼，也许我永远也钓不到这么大的一条鲈鱼了。

那是23年前的往事，如今我是纽约市一位颇有建树的建筑师。是的，这些年来，我确实再也没有钓到过像23年前钓到的大鲈鱼。那次父亲让我放生的终究不过是一尾鱼，而我却从此学会了自持。

那晚，我听从父亲的告诫迈出了光明磊落的第一步。有了这个开端，在人生的道路上我处处严于律己。在建筑设计上我拒绝投机取巧，受到同行的赞誉；甚至亲朋好友向我透露股市内情而胜券稳操时，我也婉言谢绝。对工作像对待信仰一般抱有深沉的责任意识，已成为我自己生活的信条和教育孩子的内容。

“放回去，孩子！”那句当时听来无情的话，如今却亲切地留在我的心坎儿里。在孩子面前，永远要坚持原则。当孩子犯了原则上的错误时，我们更不能睁一只眼闭一只眼，任其放纵下去。明智的做法，应该及时地让孩子为自己的过错承担责任，让生活告诉孩子深刻的道理。

下面这位父亲的口述，就说明了为人父母者的榜样行为给孩子的力量。

有一次我在开车时，孩子们问我为什么不买一辆更漂亮、更新的车。我回答说："不错。我们是应该买一辆更好的车，但那将意味着为了有钱买车，我得延长工作时间，就是说，我将不能有这么多的时间和你们在一起。你们觉得怎么样，我们该不该去买辆新车？"事实是，我本来是买得起新车的，那就得像其他人那样，要么借债买车，要么把积蓄花光。但是我既不想借债，又不想花掉积蓄。我有明智的选择。更愿意享受不拼命工作的自由，享受开着擦得锃亮的车，带着孩子们兜风而使他们快乐。我用钱越多、越需要干更多的工作以便挣到钱。

我终于没有使孩子们误解俭朴生活。现在孩子们懂得了，我们每买一件东西，就会失去一部分自由支配的时间。他们还懂得了，这些自由和时间比所买的东西更重要。所以，你希望自己的孩子做到哪些事，你就必须先做到这些事，或者至少要身体力行地教给他做这些事必备的能力和品质。

优秀的品质是人生成功的第一保证，优秀品质是在良好的教育环境中逐渐养成的。父母是孩子的第一位老师，孩子所表现出来的品质细节往往是受父母潜移默化的影响。只有懂得在生活中不断地提升自我，善于抓住契机教育孩子的父母，才是智慧的父母。从小培养孩子优秀的品质，才能让孩子在以后的成长中立于不败之地。

第五篇

幸福的人生，是震荡后找到新的平衡

杨澜在美国留学期间，见到了许多优秀的中国同胞，他们通过自己不懈的努力取得了卓越的成就。看到这些自强不息的同胞在拼搏后获得的幸福生活，杨澜感到由衷的振奋，她说："成功的标准并不仅仅来自美国社会的承认。他们大多数人的成功是在经历了生活、心理环境的大震荡后，又找到了新的平衡，也超越了自己。"所谓幸福人生，不是从无波折，而是震荡后找到新的平衡。

Chapter 16

内心的平衡才是幸福的能量源

幸与不幸，并无本质区别

对于杨澜，相信很多人对她的一个笼统的印象就是：杨澜是一个幸运的人。幸运地一毕业就走上万众瞩目的主持舞台、幸运地得到国外留学的机会、幸运地嫁上一个好老公、幸运地赢得了广大观众的认可和喜爱……人们总是习惯于把世界上的人分为两种：幸福的人和不幸福的人。杨澜却认为，这两种人在本质上并没有什么区别，只是他们在日常生活中所拥有的心情不同，准确地说，是自己控制内心的能力有所不同。

一个幸福的人，并不是他们在人生道路上是多么的一帆风顺，也不是他们的能力有多么的超群，他们在成功背后所遭遇的挫折，你可能并不清楚。而只是因为这种人善于控制自己的内心，能在狂风暴雨中看到美丽的彩虹，甚至能在一败涂地中看到美好的将来，并时刻保持一种良好的心理状态，不为暂时的困厄而沮丧。

相反，一个不幸福的人，也并不是真的像他们所说的那样缺少运气，甚至像某些人说的老天无眼，给自己的保佑不够多，原因仅仅是这种人不会控制自己的内心，任自己的情绪跟随发生的事情恣意放纵。

总而言之，幸与不幸就在两个字——内心。内心处于平衡状态，则会感到幸福；相反，则感到不幸福。平衡的内心是指一个人能够控制自己的思维和情绪，使自己处于一个良好的心理状态。生活中的非理性因素实在是太多了，以致我们常常会因为这些非理性的因素而控制不住自己的内心，导致发生了一些原本不该发生的事情。经过分析，这些困扰人类多年的非理性因素有如下几种：嫉妒、愤怒、恐惧、抑郁、紧张，还有狂躁和猜疑。这些都是再平常不过的心理因素了，看似极其平常的心理因素，却往往可以决定一个人的成败得失。

一位哲人曾经说过：一个人的内心就是一个人真正的主人，要么你去驾驭生命，要么是生命驾驭你，而你的内心将决定谁是坐骑，谁是骑师。一个平衡的心态可以实现更多的自我价值，相反，一个失衡的心态则会妨碍自我价值的实现。

一个乐观开朗的人，他做事一定是很积极的，不管是工作中还是在生活上，都能很好地完成任务，因此这类人在这段时间里自我价值的实现也就相对比较多，自我价值实现得越多，自我肯定的成就感也就越多，这样就能拥有一个好的心情，形成一个良性循环。相反，一个悲观、抑郁的人，整天愁眉苦脸地面对生活，不管做什么事情都不积极，甚至错误百出，那么他的自我价值就会实现得越来越少，自我否定的因素就会增加，这样也就使心情更加消极抑郁，形成一个恶性循环。因此有人说，积极的心态会创造幸福的人生，而消极的心态则让人生充满阴霾。

曾经有两个人在沙漠的黑夜中行走，水壶中的水早就喝完了，两人又累又饿，体力渐渐不支了，在休息的时候，其中一个人问另一个人，现在你能看到什么？被问的那个人答道：“我现在似乎看到了死亡，似乎看到死神在一步一步地靠近。”不过发问的这个人却微微一笑说：“我现在看到的是满天的星星和我的妻子、儿女等待我回家的脸庞。”

最后，那个说看到死亡的人真的死了，就在快要走出沙漠的时候，他用刀子匆匆结束了自己的生命，而另一个说看见星星和自己妻子、儿女脸庞的人靠着星星的方位指示成功地走出了沙漠，并成为人们心目中的英雄。

其实这两个人并没有根本的区别，仅仅是当时的心态有所不同，但在最后却演绎了截然不同的命运。因此一个人的内心往往会关系到一个人的命运，要想时刻都过得愉快，那就得让自己的内心永远都在自己的掌控之中。你拥有什么样的内心，就拥有什么样的生活能量，这种能量将决定你是否能获得幸福的人生。

可以有欲望，但不可有贪欲

伊索有句话说："许多人想得到更多的东西，却把现在所拥有的也失去了。"对于生活，普通的老百姓没有那么多言辞来形容，但是他们有他们的总结技巧。于是，很多大爷大妈总会在我们耳根子念叨：做人啊，要本分，不要丢了西瓜捡芝麻。这个道理其实与文化人伊索说的是一样的。

的确，人生的沮丧很多都是源于得不到的东西，我们每天都在奔波劳碌，每天都在幻想填平心里的欲望，但是那些欲望却像是反方向的沟壑，你越是想填平，它就向下凹得越深。

欲望太多，就成了贪婪。贪婪就好像一朵艳丽的花朵，美得你兴高采烈、心花怒放，可是你在注意到它的娇艳的同时，却忘了提防它的香气，那是一种让你身心疲惫却永远也感受不到幸福的毒药。从此，你的心灵被索求所占据，你的双眼被虚荣所模糊。

曾经，杨澜也是一个有些贪心的人，她想尝试做更多的事，主持人、制片人、导演、编剧，这些角色，她都想试试。事业心也是一种欲望，它虽然不会使人陷入生活的泥淖，但却可以使你的生活变得疲惫不堪。后来，杨澜明白了这个道理，一个人不可能什么都去做，适合你做的可能就那么一两件事。

年轻的时候，艾莎比较贪心，什么都追求最好的，拼了命想抓住每一个机会。有一段时间，她手上同时拥有13个广播节目，每天忙得昏天暗地，她形容自己："简直累得跟狗一样！"

事情都是双方面的，所谓有一利必有一弊，事业越做越大，压力也越来越大。到了后来，艾莎发觉拥有更多、更大不是乐趣，反而成为一种沉重的负担。她的内心始终有一种强烈的不安全感笼罩着。

1995年，"灾难"发生了，她独资经营的传播公司被恶性倒账四五千万美元，交往了7年的男友和她分手……一连串的打击直奔她而来，就在极度沮丧的时候，她甚至考虑结束自己的生命。

在面临崩溃之际，她向一位朋友求助："如果我把公司关掉，我不知道我还能做什么？"朋友沉吟片刻后回答："你什么都能做，别忘了，当初我们都是从'零'开始的！"

这句话让她恍然大悟，也让她勇气再生："是啊！我们本来就是一无所有，既然如此，又有什么好怕的呢？"就这样念头一转，她不再沮丧。没想到，在短短半个月之内，她连续接到两笔很大的业务，濒临倒闭的公司起死回生。

历经这些挫折后，艾莎体悟到了人生"无常"的一面：费尽了力气去强求，虽然勉强得到，最后留也留不住；而一旦放空了，随之而来的可能是更大的能量。她学会了"舍"。为了简化生活，她谢绝应酬，搬离了150平方米的房子，索性以公司为家，挤在一个10平方米不到的空间里，淘汰不必要的家当，只留下一张床、一张小茶几，还有两只做伴的狗儿。

艾莎赫然发现，原来一个人需要的其实那么有限，许多附加的东西只是徒增无谓的负担而已。

人人都有欲望，都想过美满幸福的生活，都希望丰衣足食，这是人之常情。但是，如果把这种欲望变成不正当的欲求、变成无止境的贪婪，那我们无形中就成了欲望的奴隶。

在欲望的支配下，我们不得不为了权力、为了地位、为了金钱而削尖了脑袋向里钻。我们常常感到自己非常累，但仍觉得不满足，因为在我们看来，很多人生活得比自己更富足，很多人的权力比自己的大。所以我们别无出路，只能硬着头皮往前冲，在无奈中透支着体力、精力与生命。

这样的生活，能不累吗？被欲望沉沉地压着，能不精疲力竭吗？静下心来想一想：有什么目标真的非要实现不可，又有什么东西值得我们用宝贵的生命去换取？

聪明的女人，应该学会适当地“修剪”一下自己的欲望，不让那些不必要的贪念支配你的生活，让你就那么不经意地错过了生命的花期。

“对过去问为什么，对未来要问为什么不”

从一个青涩的大学生成长为一名优秀的传媒人，杨澜在被问及成功的秘诀时说道：“我始终认为，面对过去我们要问问为什么，而面对未来，我们则应问问为什么不？”正是这种勇于尝试、不断进取的精神，让杨澜从未停止追求的脚步，不断向人生更高的目标迈进，从而成就今日的精彩。

我们也一样，作为21世纪的新女性，只要不画地为牢，就永远有欣赏不完的风景。当今世界是一个多元化的、开放的世界，它接纳每一个想要获得成功的人。但是总有一些年轻人与这个时代格格不入，他们把自己封闭在过去的经历中，暗自伤神，岂不知，在这样的过程中已经把成功的机会拱手让人了。

自我封闭的年轻人不懂得，过去并不代表未来，无论你曾经失败过多少次，受过多少挫折，这些都不重要，重要的是，你要对未来充满希望。无论你过去怎样，只要你调整心态，明确自己的目标，乐观积极地行动起来，就能够扭转劣势，更好地成长。

奥普拉·温弗莉，黑人、女性、体重90公斤、膀大腰圆、素面绝无姿色、出身贫民区；父母是一对未婚的年轻人，母亲生下她的时候，还是一个孩子。寄宿在亲戚家的她被虐待，甚至留下了一生的伤痛。十几岁的她曾把家里弄得乱七八糟，假装被打劫的样子，偷走了母亲的钱包。她和伙伴们鬼混，抽烟、吸毒、喝酒，越陷越深，她的青春犹如在肮脏的大染缸里浸泡，母亲甚至想将她送进少管所。

直到14岁，奥普拉才第一次看见父亲。她一直以为自己已经没有希望了，当时也没有人愿意正眼看她。她很幸运，因为父亲几乎是唯一一个没有放弃她的人。她在新的环境中改头换面了，参加了学校的戏剧俱乐部，并常在朗诵比赛中获奖。在费城举行的有1万名会员参加的校园俱乐部演讲比赛中，温弗莉凭借一篇短小精悍的演讲，赢得了1000美元的奖学金。

在大学里，温弗莉有机会踏进所有电视人梦想的CBS（哥伦比亚广播公司）的大门，但是她开创的充满感情的新闻表述方式，与传统主持人刻板庄严的风格迥异。好在虽然这种风格没有被接受，却为她赢得了另一家电视台的特别关注。不过，这家电视台希望她去纽约接受整容手术，但温弗莉的底子太差，美容师端详了半天后望而却步，整容也就不了了之了。

其实，不仅是外貌上的原因，当时美国的主持界鲜有女性，甚至有人说“女人的声音听起来缺乏可信度”。但是温弗莉证明了这是谬论：她主持的“人们在说话”脱口秀，收视率一路飙升，超过了当年脱口秀有名的节目。她另外主持的“芝加哥早晨”栏目，从一个下三流的脱口秀一跃而起，变成收视率第一的金牌栏目。后来，“芝加哥早晨”更名为“奥普拉·温弗莉脱口秀”，在全国120个城市同步播出。

如今的奥普拉已经是美国舆论界呼风唤雨的人物，年届五十的她还去尝试拍电影，推荐优秀的黑人编剧，她的路似乎才刚开始。

从一个标准的黑人小混混，到优秀的毕业生，再到著名的节目主持人，奥普拉·温弗莉突破了一个又一个自己。她也曾经觉得自己没有任何希望了，但只要她去尝试，不断努力，就能成功。其实，很多人都输在了自我设限上。绝大多数人都会以过去的自己来判断未来的自己。但事实是，未来的自己完全可以成为另一种样子的人。

心理高度决定一个人的成功高度。我们要想有所作为，得到更好的发展，首先就要突破心理的“瓶颈”，不能因为过去的一些失败或是眼前职位的无关紧要而降低自己的标准，为自己的职业生涯过早地盖上一个“盖子”。在这个开放的时代，我们要放开自己，在人生的大舞台上跳出优美的华尔兹。

活在当下，尽享此刻的欢欣

现代人总觉得自己的生活疲惫忙碌，而无暇享受此刻美好的生活，这是因为我们总是担心时间不够，就像我们总是觉得钱不够一样。学习停下脚步，享受已经拥有的时间、金钱与爱是我们生活中重要的一课。杨澜就是这样一个懂得生活智慧的人，在繁重的工作之余，她常常会找个时间抛开一切，给自己放个假，静享生命当下的美丽。就像她曾经任由自己沉醉在夏威夷的阳光和海水里一样："我的梦想，是体验世界上每一块不同的土地和水域，然而现在，让我暂且忘掉过去和未来，用年轻的心去好好享受此时此刻的热带风情吧！"

活在当下，这是一种全身心地投入人生的生活方式。当你活在当下，而没有过去拖在你后面，也没有未来拉着你往前时，你全部的能量都集中在这一时刻，生命因此具有一种巨大的张力。

"当下"给你一个深深潜入生命之水或是高高地飞上生命天空的机会。但是在两边都有危险——"过去"和"未来"是人类语言里最危险的两个词。生活在过去和未来之间的当下几乎就像走在一条绳索上，在它的两边都有危险。但是一旦你尝到了"当下"的甜蜜，你就不会去顾虑那些危险；一旦你跟生命保持同一步调，其他的就无关紧要了。对你而言，生命就是一切。

当生命走向尽头的时候，你该问自己："这一生你觉得了无遗憾吗？你想做的事都做了吗？你有没有好好笑过、真正快乐过？"想想看，你这一生是怎么度过的：年轻的时候，你拼了命想挤进一流的大学；随后，你巴不得赶快毕业找一份好工作；接着，你迫不及待地结婚、生小孩；然后，你又整天盼望小孩快点长大，好减轻你的负担；后来，小孩长大了，你又恨不得赶快退休；最后，你真的退休了，不过，你也老得几乎连路都走不动了……当你正想停下来好好喘口气的时候，生命也快要结束了。

其实，这不就是大多数人的人生写照吗？他们劳碌了一生，时刻为生命担忧，为未来做准备，一心一意计划着以后发生的事，却忘了把眼光放在"现在"，等到时间一分一秒地溜过，才恍然大悟"时不我予"。

智者常劝世人要"活在当下"。到底什么叫做"当下"？简单地说，"当下"指的就是你现在正在做的事、待的地方、周围一起工作和生活的人。"活在当下"就是要你把关注的焦点集中在这些人、事、物上面，全心全意认真去接纳、品味、投入和体验这一切。

但事实上，大多数人都无法专注于“现在”，他们总是若有所思，心不在焉，想着明天、明年，甚至下半辈子的事。假如你都将力气耗费在未知的未来，却对眼前的一切视若无睹，那你永远也不会得到快乐。一位作家这样说过：“当你存心去找快乐的时候，往往找不到，唯有让自己活在‘现在’，全神贯注于周围的事物，快乐才会不请自来。”或许人生的意义，不过是嗅嗅身旁每一朵绚丽的花，享受一路走来的点点滴滴而已。毕竟，昨日已成历史，明日尚不可知，只有“现在”才是上天赐予我们最好的礼物。

可惜的是，生活中的此时此地总是被忽略，我们无意中预支了“此刻的生活”。要充分享受你的生活，就一定要学会放慢脚步让自己停留在一个没有过去，也没有未来，只有现在的地方。当你停止疲于奔命时，你会发现生命中未被发掘出来的美；当生活在欲求永无止境的状态时，我们永远都无法体会生活的简约之美。

许多人喜欢预支明天的烦恼，想要早一步解决掉明天的烦恼。其实，明天如果有烦恼，你今天是无法解决的，每一天都有每一天的人生功课要交，努力做好今天的功课再说吧！用平常的心对待每一天，用感激的心对待当下的生活，我们才能理解生活和快乐的真正含义！

Chapter 17

“人生的乐趣就在确定与不确定之间”

适应这个变化的世界

杨澜把自己的事业发展阶段分为中央电视台时期、出国留学时期、凤凰卫视时期、创办阳光卫视时期再到现在。她的每一次蜕变是必然也是偶然。就拿留学来说，一方面是杨澜发现自己并不适合做综艺节目，另一方面是她觉得心里并不踏实，今天的鲜花和掌声，不可能永远只属于你。今天你表现卓越所有人都赞扬你，明天还会出现更出色的人，冷不丁你就被众人抛之脑后。别人的眼光和评价，我们永远无法掌控，所以我们能做的就是控制好自己，努力往前走。

在杨澜以后的道路中，她时刻注意充实自己，并且根据这个时代的特点做出相应的改变和调整，这才是杨澜能够一次又一次成功转变角色的秘诀。

世间万物都在变。没有变化，就会落后，就无法生存。事变我变，人变我变，适者方可生存。成功离不开变通。很多人之所以处处碰壁，最重要的原因就是不能适应这个变化的世界。

下面这个故事中的主人公张娜是一个善于变通、能够创造性解决问题的高手，正是这种遇到困难找方法的精神造就了她事业上的成功。

几年前，张娜还是一家建筑材料公司的业务员。当时公司最大的问题是如何讨账。公司产品不错，销路也不错，但产品销出去后，总是无法及时收到款。有一位客户，买了公司10万元产品，但总是以各种理由迟迟不肯付款，公司派了三批人去讨账，都没能拿到货款。当时她刚到公司上班不久，就和另外一位姓张的员工一起，被派去讨账。他们软磨硬泡，想尽了办法，最后，客户终于同意给钱，叫他们过两天来拿。

两天后他们赶去，对方给了一张10万元的现金支票。他们高高兴兴地拿着支票到银行取钱，结果却被告知，账上只有99000元，很明显，对方又耍了个花招，他们给的是一张无法兑现的支票。第二天就要放春节假了，如果不及时拿到钱，不知又要拖延多久。

遇到这种情况，一般人可能一筹莫展了，但是张娜突然灵机一动，拿出1000元，让同去的小张存到客户公司的账户里去。这样一来，账户里就有了10万元。她立即将支票兑了现。当她带着这10万元回到公司时，董事长对她大加赞赏。之后，她在公司不断发展，5年之后当上了公司的副总经理，后来又当上了总经理。

同张娜一样，许多成功者成功的秘诀就在于善于变通。穷则变，变则通，通则久。只有适时做出改变，才能克服困难，走向成功。美国著名人物罗兹说："生活的最大成就是不断地改造自己，以使自己悟出生活之道。"由此可知，变通就是我们遇到困难和变化时所采取的方法和手段。这种方法和手段有这样两大特点：一是根据客观情况的变化而改变自己；二是深刻理解了变化原因之后，努力去引导变化、驾驭变化。

日本丰臣秀吉当政时期，有一次，一场暴雨使得河坝溃决。当时情况非常危险，丰臣秀吉立刻赶到现场指挥，鼓舞部下的士气。然而溃决河堤必须用土包才能堵塞得住，而土包的制作需要很长时间，雨势却越来越凶猛，水位也跟着逐渐上涨。

就在大家议论纷纷、束手无策的时候，石田三成跑过来，他打开米仓，命令将士们将米袋搬出来，去堵塞堤防的决口。由于这项随机应变的措施，避免了一场大灾难的发生。不久，雨势渐缓，水位也下降了。这时，石田三成发布声明：如果附近的居民能够制造出可以堵住河堤缺口的土包，就用米做奖赏。周围的人纷纷响应，制造了许多坚固的土包，因此在很短的时间内，堤防就修好了，而且比以前更加牢固。看到这种情形，丰臣秀吉赞叹不已。

一位成功学大师说："历史上的伟人，第一等智慧的领导者，晓得下一步是怎么变，便领导人家跟着变，永远站在变的前头；第二等人是应变，你变我也变，跟着变；第三等人是人家变了以后，他再以比别人变得还快的速度追上去，并超越人家。"

想做一名成功者，就必须不停地做着调整，不停地适应社会的变化，这样才能打破常规迈出成功的一步。有许多满怀雄心斗志的人毅力很坚强，但是由于不会积极地适应多变的环境因而无法成功。根据现在的情况为实现目标而改变策略吧！如果你的确感到行不通的话，就请尝试另一种方式。

我们改变不了过去，但可以改变现在；我们很难改变环境与问题，但可以改变自己。擦亮发现的眼睛，变换思维的角度，千变万化将由你驾驭。

幸福本身就是一种动态

很多人说杨澜就是这个时代成功女性的典范，事业顺利、家庭幸福，杨澜听到这里莞尔一笑，但她表示自己不愿意做典范，她说“每个女人都有她对幸福的诠释，我也想做幸福的女人。幸福应该是一种动态的，有时候很顺利，有时候有压力，这样的生活才值得过”。

幸福，每个人都在寻找，但我们首先要知道幸福到底是什么。法国小说家方登纳在《幸福论》中所阐述的定义是：“幸福是人们希望永久不变的一种境界。”也就是说，如果我们的肉体与精神所处的一种境界，能使我们想，“我愿一切都如此永存下去”，或浮士德对“瞬间”所说的，“哟！留着吧，你，你是如此美妙”，那么我们无疑是幸福的。

有一则小幽默说：

一位青年学者去请教他的导师：“幸福是什么？”导师说：“幸福是一种感觉，就像甜甜的笑。”学者去问一个衣衫褴褛的乞丐，乞丐说：“幸福是所有人都向我的碗里放钱，面值越大我越幸福。”学者去问一名惯犯，惯犯说：“幸福是得到自由。”然后低声在学者耳边说：“是下次犯罪时不会被抓到。”学者又去问另一位学者，对方说：“幸福是……”他停顿了一下，说：“是你的研究报告署上我的大名。”

一笑之余，我们似有所悟。关于幸福，每个人有着不一样的体验；对幸福的诠释，不同的人有不同的评点，譬如，文学家、哲学家、政治家就定义不一。这取决于一个人的知识底蕴和他的思想境界。

“目送归鸿，手挥五弦；俯仰自得，游心太玄”，是魏晋名士嵇康的幸福；“人生得意须尽欢，莫使金樽空对月”、“且放白鹿青崖间，须行即骑访名山”，是“诗仙”李白的幸福；“安得广厦千万间，大庇天下寒士俱欢颜”，是“诗圣”杜甫的幸福。

法国大思想家卢梭曾说：“人间最大的幸福莫如既有爱情又清白无瑕。”一代伟人林肯认为，对于大多数人来说，他们认定自己有多幸福，就有多幸福。“乐圣”贝多芬呐喊：“我的艺术应当只为贫苦的人造福。啊，多么幸福的时刻啊！当我能接近这地步时，我该多么幸福啊！”俄国作家屠格涅夫告诫我们：“你想成为幸福的人吗？但愿你首先学会吃得起苦。”美国前总统罗斯福表示，幸福不在于拥有金钱，而在于获得成就时的喜悦以及产生创造力的激情。英国剧作家萧伯纳强调，“醉心于某种癖好的人是幸福的”、“正像我们无权只享受财富而不创造财富一样，我们也无权只享受幸福而不创造幸福”。

幸福不止这些。呻吟的病人说健康就是幸福，风烛残年的老人说活着就是幸福，顽皮的孩子说得到一件心爱的玩具就是幸福，流浪街头的盲人说有家就是幸福，苦读的学子说金榜题名就是幸福，失恋的青年说被人爱着就是幸福……

在不少人眼里，金钱、成功就等于幸福。事实果真如此吗？一项权威调查表明，年薪在100万元以内的人群，钱越多越能感到幸福，而年薪在100万元以上的人群，就会越来越难感觉到什么是幸福。《南方周末》曾就60位“人均拥有财富为22.02亿元人民币”的国内顶尖富豪的精神世界进行了一次调查，这些人算得上是最成功的人吧，可结果竟有70%的富豪认为财富给自己带来了“不安全感”，不是快乐，而是害怕和担心。

其实，幸福就是你的一种身体和心理的快乐感受，你身心的舒适、自由，你摆脱了欲望羁绊后的无忧无虑。幸福是可遇而不可求的。幸福是知足，是豁达。幸福是短暂的满足与快感。幸福是发自个人内心的感觉，在于我们的体会。幸福是享受自由，也给他人自由。幸福不分性别，不依赖于年龄，不取决于财富……

正像杨澜所说的，幸福应该是一种动态的，有时候很顺利，有时候有压力。每个人对每一件事物、每一天的生活都会有自己独特的感受。能在这种属于自己的独特感觉中体味到满足与愉悦的人，就是一个领悟到幸福真谛的人。

“人生的乐趣就在确定与不确定之间”

杨澜在她的《凭海临风》一书中，曾写到了乘热气球的经历。热气球的操作员能做的只是调整气球的高度以捕捉不同的风向，而气球的具体航线和落点，就只能听天由命了。这正是乘坐热气球的魅力所在：有控制的可能性，又保留了不确定性，所以比任何精确设定的飞行都来得刺激。“你既不能盲目自信，又不敢放弃努力的机会。其实人生的乐趣也是如此，全在这定与不定之间。”杨澜这样认为。

事实上，杨澜也一直是这么做的。由央视的名主持到远涉重洋的学子，再到凤凰卫视的名牌主持，再到阳光卫视的当家人，又以一位文化经营商的身份出现在公众的视野里，杨澜的角色在不断地变化。但正所谓“万变不离其宗”。无论如何转、如何变，杨澜始终把自己定为“传媒人”，聪慧的她很清楚自己就是这块料，所以从没有偏离做媒体这个大方向。而她的变化就在于她制订的目标层次一直在提高。对她来说，下一步事业发展的形势是不确定的，但自己的职业定位又是确定的，在确定与不确定之间把握好平衡，也是杨澜能够成功的一个重要原因。

从前有两个年轻人，一个叫小山，一个叫小水，他们住在同一村庄，成为最要好的朋友。由于居住在偏远的乡村谋生不易，他们就相约到远地去做生意，于是同时把田产变卖，带着所有的财产和驴子到远地去了。

他们首先抵达一个生产麻布的地方，小水对小山说：“在我们的故乡，麻布是很值钱的东西，我们把所有的钱换取麻布，带回故乡一定会有利润的。”小山同意了，两人买了麻布，细心地捆绑在驴子背上。

接着，他们到了一个盛产毛皮的地方，那里也正好缺少麻布，小水就对小山说：“毛皮在我们故乡是更值钱的东西，我们把麻布卖了，换成毛皮，这样不但我们的本钱回收了，返乡后还有很高的利润！”小山说：“不了，我的麻布已经很安稳地捆在驴背上，要搬上搬下多么麻烦呀！”小水把麻布全换成毛皮，还多了一笔钱。小山依然有一驴背的麻布。

他们继续前进到一个生产药材的地方，那里天气苦寒，正缺少毛皮和麻布，小水就对小山说：“药材在我们故乡是更值钱的东西，你把麻布卖了，我把毛皮卖了，换成药材带回故乡一定能赚大钱的。”小山拍拍驴背上的麻布说：“不了，我的麻布已经很安稳地在驴背上，何况我们已经走了那么长的路，卸上卸下太麻烦了！”小水把毛皮都换成药材，还赚了一笔钱。小山依然有一驴背的麻布。

后来，他们来到一个盛产黄金的城市，那充满金矿的城市是个不毛之地，非常欠缺药材，也缺少麻布。小水对小山说：“在这里药材和麻布的价钱很高，黄金很便宜，我们故乡的黄金却十分昂贵，我们把药材和麻布换成黄金，这一辈子就不愁吃穿了。”小山再次拒绝了：“不！不！我的麻布在驴背上很稳妥，我不想变来变去呀！”小水卖了药材，换成黄金，又赚了一笔钱。小山依然守着一驴背的麻布。

最后，他们回到了故乡，小山卖了麻布，只得到蝇头小利，和他辛苦的远行不成比例。而小水不但带回一大笔财富，把黄金卖了，便成为当地最大的富豪。

对这两个年轻人来说，出门做生意会有什么样的际遇全在不确定当中，但要赚到钱的目的却是确定的。不管他们拿来交易的是麻布、毛皮、药材还是黄金，都是为确定的目标服务的。小水明白这个道理从而达到了预定的目的，而小山把不确定的际遇与确定的目的混为一谈，结果只能劳而无功了。

Chapter 18

人人肩挑“两桶水”：事业与家庭

职业女性是把家庭放在第一还是把事业放在第一，这真是个老话题！但老归老，却一直“纠结”着所有的职业女性。在刚刚结束的第三届中国职业女性生存状态调查研讨会上，各位嘉宾根据今年的调查的结果发现，女性对家庭的重视比例较前两年有所提高了。

事业很重要，完整的人生更重要

对于一个在事业上取得成功的女性来说，往往会被人们问到如何处理事业与家庭之间关系的问题，杨澜当然也不例外，她曾说道：“我很奇怪为什么记者们每次采访我都要问一句：‘事业和家庭，哪样对你更重要？’这还有什么疑问吗，当然是家庭更重要。事业的成败往往取决于他人的评价，而感情上的得失却完完全全是自己真实的感受，谁也无法代替，谁也掠夺不去。”优秀的女人还应当是追求完美人生的女人。杨澜有一种不变的观点，事业对她很重要，但完整的人生更重要。“所以我会选择在适当的时候结婚、生孩子。人生对我是全方位的，不是只有事业这一方面。”

对于现代女性来说，事业和家庭的矛盾常常是困扰她们的最大难题。虽然，我们并不能说事业与家庭之间是根本对立的，但女人们却常常因处理不好二者之间的矛盾，把自己的生活搞得一团糟。

生活中，我们经常看到一些事业上风风光光的女人，家庭生活却很不如意。而这些女强人无论容貌还是才智都不差，为什么没有完美的感情生活呢？这首先要从女人的社会角色说起。

通常意义上，女人在生活中要承担为人妻母的角色，贤妻良母是社会和男人们对女人的普遍要求。而职业女性在担负与男人一样多的工作之后，往往还要承担大量的家务劳动。但人的精力毕竟是有限的，当一个女人不甘平庸、渴望在事业上取得与男人一样的成就时，就必然要将大量的精力投入工作中，这就势必会忽略家庭。而且，就多数男人的心理来说，并不希望自己的妻子强过自己，所以，一旦丈夫是个大男子主义者，就必然会产生家庭危机。于是，就出现了一批周末夫妻倡导者，他们认为：我们在事业上都要有所作为，家庭生活太浪费精力，甚至消磨斗志，我们需要独立的自由空间。

的确，在我们这个生产力还没有高度发展的社会里，在一个大家都需要饭碗，必定要承担工作的社会里，我们是要扮演好自己的职业角色，在激烈竞争的职场上闯出一个属于自己的空间，说白了就是要事业有成。但事业与家庭并不矛盾，享受爱情、享受天伦之乐，是天经地义、无可非议的事。鱼和熊掌可以兼得，哪有那么多非此即彼、你死我活的对立啊！恰恰相反，家庭经营得好了，反而可以成为推动夫妻双方事业发展的强大的精神动力。如果有人说爱情、婚姻、家庭耽误了自己的事业，那他的思想还是非黑即白的“二元论”。

我们需要面包，也需要爱情。爱情是一件丝丝入扣的事情，需要经营和呵护，如果说家庭生活占用了自己的精力，那只能说明你不会生活或精力太有限了。如果说家庭生活让自己没有了个人空间，那你的那个“个人空间”里都装了些什么呢？日常琐碎的家庭生活也是培养爱情的温床，一杯茶、一个关切的问候、一抹甜蜜的微笑，甚至一次最终是和好了的扯皮打架，只能让爱情更加温暖动人。

想想看，有这么一个可爱的家、爱人和孩子，我们没有理由不去打拼，不去好好赚钱呀。因为我们需要自己的家更富裕、更加幸福，我们干吗要跟自己过不去，一个星期只回一次家呢？我们需要事业，但我们也需要爱情和亲情、需要鼓励、需要充电、需要温暖、需要自在的时光。这才是我们普通人的幸福。

像林京来与曾非，一个为影视明星，一个是商界精英，事业可谓一帆风顺，前程似锦。可为什么还是回归了家庭呢？这正好说明：对于事业的执著和成功，并不是他们所追求的终极幸福；幸福的人生除了事业，还有家庭。至于两人"为了孩子甘愿放弃成功事业，三年闭门不出"，也并不为过，因为从事影视和商业活动，身心都是非常辛劳的，适当的休整十分必要，这并不能说成二人为了孩子就"放弃了事业"，难道三年后他们就再不出山了吗？他们现在都还年轻得很呢，再者，二人有着雄厚的经济实力，三年不工作而过着优裕的生活，也是完全可行的。

而对于一般老百姓来说，我们没有明星大腕们煊赫的声誉、丰厚的收入，所以事业和家庭，对于我们的人生才更为重要。也许我们的工作很平常，但只要我们永远有一颗进取的心，就能在工作上稳步前行；也许我们的家里不太豪华，房子也不太大，但它却盛满了爱人彼此的关怀和鼓励；也许我们的物质生活朴素无华，但只要一家人能在精神上永不停滞，时时充实自己，给家庭之渠不断注入活水，永葆清新和彼此的吸引。这些也就足够了。家庭和事业，就像人生的基石，如果你能把它们牢牢踩在双足下，就一定会拥有幸福的人生！

平衡挑好“两桶水”

“关于事业和家庭的关系，有很多媒体问我这两者会不会矛盾，我又是如何处理的。我想何必非要分个第一、第二呢？我曾经有个比喻：无论是男人或是女人都要担‘两桶水’，这‘两桶水’分别是事业和家庭。有的人觉得，如果我只挑一桶水会不会省点儿劲，但是力学的原理告诉我们不会。你一只手拎一只水桶特别沉，还不如拿一根扁担挑‘两桶水’，这两个水桶彼此有一个平衡关系。大家都是要挑这‘两桶水’的，人生这一路上肯定会有‘两个桶’不一样重的时候，也有可能洒出一点儿水的时候，不过每个人都在尽可能保持两个水桶之间的平衡，希望在到达终点的时候不要洒得太多。”

这是来自杨澜博客上的一段话。在这里，杨澜把事业与家庭之间的关系作了一个形象的比喻，同时也提出了解决的办法。

事业与家庭到底孰轻孰重？相信大多数女性都思考过这个问题。从心理学角度，女人可能更偏重家庭，甚至有的女人原本就是为爱而生，为家庭放弃事业，是她们必然的结局。然而从现实角度来说，糟糠之妻下堂的种种残酷现实、家庭费用的入不敷出等原因，又让女人不得不跻身于职场竞争中，承受着事业与家庭的双重考验。

其实，鱼和熊掌并非难以兼得，只要你找到事业与家庭间的有效平衡点，你就能像一条鱼一样，在事业与家庭之间自由随性地徜徉。

对于达·芬奇公司的创办人潘庄秀华来说，事业与家庭虽然两者并重，但是为了使辛苦打下的江山更稳固，她和丈夫不得不有所牺牲——跟孩子相处的时光。

潘庄秀华在1978年创立“达·芬奇”品牌，以售卖钢锅及炊具为主，后引进欧洲高档家具和灯饰。目前公司业务遍及印度尼西亚、文莱、中国等。

潘庄秀华歉疚地说："两个孩子从满月后，我这个妈妈就很少陪在他们身边。不过，他们很乖，跟我蛮亲的。不管生意多么忙碌，我和先生都尽量不在国外工作超过两个星期，一定要抽空回国看看孩子。"公干回国后，如果只是短暂的停留，她尽量不在公司工作，而把资料带回家处理，多留点时间陪孩子。

她说："我和我的先生很早就一起出来闯，对彼此的个性有充分的了解。我的先生性子比较急，有点暴躁，我认为婚姻中如果你的配偶是个急性子，你就不能样样逞强，必须多忍让点，那么婚姻和生活才不会出现太多问题。这20多年来，我们每天几乎有60%～70%的时间在一起，没有大吵过。我了解他的脾气，他在生意上给我提供很多意见，他有远见，看法也相当准确，因此我乐于接受他的建议。"

潘庄秀华热爱工作，脚步停不下来，很多人靠她"养"，尤其是300多名印度尼西亚员工，许多来自穷困家庭。她说："我给员工的孩子颁奖学金，让他们接受更好的教育。"因此，员工对公司更有归属感。

从以上我们可以看出，事实上，当事业和家庭发生冲突时，只要多费一些心思，少计一点得失，在事业和家庭之间，总会找到一个完美平衡点的。

其实，女性之所以处理不好二者之间的关系，有很大一部分原因是没有一个良好的心态，而且不会安排自己的时间。如果能利用有效的时间把工作处理好，高效率地工作，那就不用占用很多生活的时间。实际生活中，我们经常会看到这样一些人：工作时，喜欢拖延，做一些与工作无关的私事儿，比如，把与朋友沟通的时间安排到工作时间里去，每天都要打电话给朋友。实际上，多数电话都是无关紧要的，不是紧急事务最好不要浪费工作时间去打电话，因为这样做的结果会造成工作没有做好，同时也不得不去加班完成工作。这时候，她们就认为工作和生活是矛盾的，两者之间只能选择其一。

有很多人曾问杰克·韦尔奇这样一个问题：为什么你会有那么多时间去打高尔夫球，还能继续干好CEO的工作呢？他是这样作出解释的："就是正确地把握好生活与工作的平衡关系。例如要如何去管理生活，如何支配时间，应该把多少精力和时间放在工作上这些问题。"

如今，很多上班族都出现了这样的问题：发生眼疾、慢性疲劳、失眠、过度劳累等，怎么解决这些问题呢？要把工作停下来是不太可能的。首先，没有了经济收入，失去了生活的来源，生存没法得到保障，这样的生活还能美好吗？其次，即便有了生活上的保障，我们也不能离开工作。既然如此，我们必须正视这个问题，工作和生活必须兼顾，我们需要的是双重的幸福，那么，怎样平衡它们之间的关系呢？首先，我们应该保证自己的工作效率，并尽量利用好有效的工作时间。其次，我们必须保持良好的心态。能调整好自己的心态，让心情轻松，坦然地接受压力和劳累，这样才能大幅度减低疲劳的程度。

总而言之，在人的一生中，工作和生活都是必须兼顾的，少了哪一项都会觉得有缺憾。如果只有工作，没有生活，每天除了工作没有别的生活趣事，那么，工作也将会索然无味。反过来也是一样的。想要活得更加精彩，就一定要平衡好工作和生活的关系，让自己拥有双重的幸福——来自工作的幸福和来自生活的幸福！

回家，把工作关在门外

有一位猎人看到一件有趣的事情。有一天，他偶然发现村里一位十分严肃的老人与一只小鸡在做说话游戏。猎人好生奇怪，为什么一个生活严谨、不苟言笑的人会在没人时像一个小孩那样快乐呢？

他带着疑问去问老人，老人说："你为什么不把弓带在身边，并且时刻把弦扣上？"猎人说："天天把弦扣上，那么弦就失去弹性了。"老人便说："我和小鸡做游戏，理由也是一样的。"生活也一样，每天总有干不完的事。但是，你有没有仔细想过，如果天天为工作疲于奔命，最终这些让我们焦头烂额的事情也会超过我们所能承受的极限。

世界上并不存在十全十美的工作，但富有意义的生活却掌握在我们每个人的手中。工作是工作，生活是生活，两者应该尽可能地区分开来。一个懂得简单生活之道的人能够把握好生活的节奏，掌握住工作和生活的平衡。

作为一个在事业上成功的女性，杨澜身兼数职，每天都有很多工作要做，这么多年奔走不停杨澜已经习惯了这种忙碌。但做了母亲后，长期在外，她觉得很对不起孩子，也越来越深刻地意识到"人生名利如浮云，其实最值得珍惜的还是家庭和亲情"。此后杨澜总是尽可能地多挤出些时间陪家人，并有了一个一直坚持不变的原则，那就是：回家，把工作关在门外。杨澜说："我跟孩子一起的时候就是全心陪着、全情投入、全无敷衍，不接电话，跟他们一起玩。"

事实上，工作永远都是忙不完的，完成了A任务，还有B任务、C任务……何时是个了结？对女人来说，家庭永远都是生活中不可忽视的重心，学会分清工作和家庭的界限，才能更好地平衡二者，做一个真正成功的女性。

如果普通员工，除非上司命令加班，否则下班之后即应转换角色，尽情享受生活乐趣。如果不是普通员工，除非任务十万火急，否则，不但不要强求下属加班或带任务回家，自己也不能搞疲劳战术。工作实绩与工作时间未必成正比，延长工作时间是事倍功半的笨办法。摸索工作规律，寻求高质量完成任务的有效途径，才是明智之举。文武之道，一张一弛，会休息才会工作，会工作才有效率。

安妮是一个很敬业的主管，差不多每天都是马拉松式地工作着。不但她个人如此，甚至要求下属和她一起共同进退。其中一个叫彼得的下属，也是抱着“工作就是生活的全部”的态度。直至有一日，彼得的儿子跌伤了脚，这皮外伤固然不碍事，问题就出在儿子对他的态度犹如陌生人，若即若离，并拒绝接受他的安慰。

经过这件事，彼得受到很大打击，他发现原来一直错过了生活中最重要的东西，就是与家人的亲密关系。为了补救这关系的缺口，他和上司安妮商议，寻求解决方案，而且大前提是：“以工作素质来评价我的能力，而不是以我逗留在办公室的时间作为表现的准则。”

我们要知道，工作与生活是两回事，应该用两种不同的态度来看待。工作上，不管你是医生、律师、会计、出纳、司机，你扮演的只是职务的角色；而回到真实生活里，你要扮演的是自己，这个世界上有很多有趣、有意义的事，值得去发现、去探索、去研究，工作只是其中的一部分而已，我们千万不能因为只顾工作而失去生活、失去快乐，那样是得不偿失的。

杨澜的忠告：避免做纯粹的家庭主妇

幸福没有固定的形式，女人也没有标准的定位。无论是做职场上的巾帼英雄，还是做一个家庭主妇，只要自己觉得幸福，就是适合你的生活方式。但在现实生活上，往往会有一种生活更适合大多数人。作为一个在事业和家庭两方面都非常成功的女性，杨澜告诫女性朋友，最好避免做一个纯粹的家庭主妇。

在现实生活中，很多女性从未对自己在婚前婚后的反差进行过思考：我为什么会在结婚几年后，变成了一个迷迷糊糊的家庭主妇？变成一个只关心油盐酱醋和丈夫孩子的市井妇人？

如果她们能沿着这条思路追根溯源想下去，就会发现问题的症结：大多数女性在结婚后总是沿着“女主内、男主外”这样一条传统的思维定式确立自己在家庭与社会中的角色，并自觉放弃理想和进取精神，以辅助丈夫的“事业”为名而把精力都用在操持家务和孩子方面，从此不再参与社会竞争，满足于知足常乐的物质生活程序，并以争做贤内助角色为荣，却从没想过这样的生活将导致什么样的结局。

事实是，一个女性如果自愿放弃对理想的追求而满足于平庸乏味的生活，那么岁月将很快把她的灵魂腐蚀。不用多久，她就会变成一个絮絮叨叨、琐琐碎碎的家庭主妇，变成了一个生孩子、持家、算计收入和花销、对付生老病死的这么一个让人无法亲近的世俗女人。

在现实生活中恐怕没有多少女人会知道这样一个辩证法则：当她们丧失理想或精神支撑以后，她们的神韵、风貌、气质、形象乃至灵魂都因缺乏理想的润泽而在岁月推移中日渐流失。

当今社会，特别是知识女性最怕在婚后或者有了孩子之后做了家庭主妇。她们和传统的家庭主妇不一样，传统的家庭主妇认识到自己只能做丈夫的贤内助，很自然地一切以丈夫为中心；现代的知识女性则不同，她们有能力自己独立生活，一旦成为全职太太，就很难适应了。

首先，她们不适应家庭主妇的身份，心里总有一种不甘，这种压抑的情绪长期发展，会使人的心理变得不健康。知识女性从人格上就认为自己和丈夫是平等的，不像传统妇女那样依赖丈夫，而丈夫若仍按照传统家庭主妇的要求来要求妻子，两个人的矛盾就会很明显。

另外，知识女性在学识上很难让自己落后于时代，真做了家庭主妇之后，在很多方面就会显得孤陋寡闻，这才是最让女人受不了的地方。

刘娜就是这样的女人。她曾经这样倾诉自己的经历：

我2000年本科毕业，一直从事文秘工作。生儿子时我30岁，儿子1岁的时候，我本想出来重新工作。但疼爱我的老公却不愿意我再出来奔波，他说："你还是在家里相夫教子吧，我又不是不能养家糊口。"

老公是某美资公司的高级经理，收入足以保证我们过上优质的生活。但我不愿意荒废青春，然而让我感到恐怖的是，虽然才脱离社会一年多，我却几乎跟不上时代变化了，别说令自己满意，就是一般的秘书工作都找不到。

于是，瞎忙了一段时间之后，我也就习惯了做家庭主妇，每天带带孩子、牵着小狗遛街、做美容、逛商场超市……很多当年的同学和朋友都羡慕我有好福气，嫁了个好老公，可是我内心却充满了失落和不安。

老公每天都很忙，有时候忙到晚上十一二点才回家，以往在睡觉前我们都会谈谈心，可是现在我发现和老公的共同语言越来越少了，什么政治、财经和人情世故，等等，我根本就跟不上老公的节奏，老公有时候开玩笑说自己是"对牛弹琴"。

如有朋友聚会，他们说的话题让我觉得很陌生。同时，我也开始担心我和老公的感情。我开始还经常掏老公口袋、查看他手机等，我试图找到某些蛛丝马迹，而找不到又会怀疑老公手段高明早在回家前就消灭了一切证据。有几次我还悄悄跟踪过老公，这种情况严重影响了我们的感情。

开始老公对我的行为只是感到莫名其妙和好笑，后来慢慢受不了了，我们开始吵架。有一次老公由于一个项目很重要，连续一个星期都很晚才回家，有两次还喝醉了，身上还有女人的香水味。我缠着他不准睡觉，非得解释身上的香水味哪里来的。丈夫喝得晕乎乎的，只想睡觉，没什么精力和我解释，被我吵得没办法，只好到客厅去睡。但我还是没放过他，不停地问老公："告诉我，是哪个狐狸精留下的？不说就不准睡。"在我一再纠缠下，老公终于被激怒了，对我大声吼道："你怎么会变成这个样子？吃饱了撑的，这么多疑，告诉你了我是工作上的应酬。这日子没法过了！"

我也不甘示弱，那一夜我们通宵没睡。第二天老公上班由于精力不好连出了几次错误。回家后他很生气，我们之间发生了更激烈的冲突，我们开始分居了。

冷静一段时间后，我和老公都觉得这种情况主要是我没工作太无聊所致。于是，他让我找份轻松点的工作。重新工作之后，尽管我的工作很简单，但是我接触社会的面广了，一段时间下来，也交了不少朋友，见识广了，懂的东西多了，和老公聊天的时候，我不再是"有心无力"跟不上节奏，甚至有时还能帮老公出一些主意。

"回家"的女人待在家里难免会胡思乱想。换句话说，如果哪个妻子全身心都"回家"扮演家庭主妇的角色，结果必然导致夫妻在心灵与精神方面日益拉大距离，多年后他们就会变得无话可说。而当夫妻话不投机或彼此听不懂对方在说什么时，分手的悲剧就只是一个时间问题了。所以，新时代的女性应该避免做纯粹的家庭主妇，当然，这并不是说每个妻子都要出去工作，而是说妻子们即使为了保护自己、为维护婚姻关系的健康发展，也不应该将身心沉溺在家庭主妇的角色中。相反，她们应该保持着与世界同步的活跃姿态，这样才会使自己始终与丈夫保持着精神层面上的亲和力。

Chapter 19 “她”世纪，开创属于你的财富人生

智慧女人：左手幸福，右手财富

作为主持人和电视节目制作人，杨澜对得起观众，奉献了无数令人赏心悦目的作品。杨澜也对得起自己，短短十几年，从一个平凡的女大学生跃升为拥有亿万财富和影响力的知名人物。2000年3月，杨澜成立香港上市公司阳光文化网络电视有限公司并出任主席。同年10月，阳光卫视入选《福布斯》全球300个最佳小型企业之一，杨澜也被评为中国最成功女企业家之一。

曾有记者问杨澜如何看待财富的问题，杨澜答道：“我认为女人应该有基本的财富保障。经济独立很重要，就算选择做家庭主妇，也要给自己一个基本的生活保障，因为这关系到一个人的尊严。曾有资料表明，女性创业大多数都和爱好有关而不是纯粹的金钱目标，这是和男性大不相同的。至于你未来会有多少财富，这是可遇不可求的。”

中国人自古耻于谈钱，所谓“安贫乐道”、“君子固穷”，谁要是张口钱、闭口财，没完没了的，一定会让人认为他铜臭味十足。虽说谁都想保持一份体面，但人活于世，柴米油盐、吃喝拉撒，毕竟哪样都要用到钱，倒不如放下身架，爽爽快快地谈钱。

男人都可以理直气壮地说出“人为财死，鸟为食亡”、“君子爱财，取之有道”，等等。女人大可不必在谈及钱时难为情。有人说：“女人一定要有钱，有钱才能独立，独立才有自信，自信才会美丽！”历史上女人被称为弱者，缘于女性完全从属于男性，除了充当“生产工具”和“免费奴仆”外基本上没有别的用途。而今天，女性觉醒了，她们摆脱了男人的奴役，用自己的勤劳和智慧向世人证明了女人不比男人差，女性能顶半边天。

有句话说，“男人靠征服世界来征服女人，女人靠征服男人来征服世界”——女人是富于幻想的，女人又常常天真得可笑，总会一相情愿地把自己幻想成集万千宠爱于一身的白雪公主，以为是男人就有怜香惜玉之心，一旦遇见了自己的白马王子或国王，就从此锦衣玉食，“国王和王后幸福地生活在一起，再也不分离”。但事实往往难遂人愿。

小美在半年前还是个无忧无虑，做着王子与公主的浪漫梦的少女。那时的她会满脸陶醉地徜徉于北京的各大商场，为自己选购动辄上千上万的时尚服饰和美容化妆品。闲暇时，她会约三两好友在幽雅温馨的咖啡屋里，畅谈她玫瑰色的人生。望着好友们一双双为生活操劳的疲惫的双眼，她总会满脸爱怜，用充满同情和体贴的口吻劝她们找个有钱的老公嫁了。那个时候的小美是云端上的仙女，不食人间烟火的气息，一心一意地漫游在诗情画意的童话世界里。没料到半年后，有钱的男朋友另结新欢。现在的她连住宿都成问题，每天挤在好友的平房里，靠吃小葱拌豆腐过日子。如今她整日愁眉苦脸，逢人必叹：“没钱的日子真是生不如死啊！”

生活中，许多像小美这样的天真女子，自恃有几分姿色就认为“美色”、“青春”是自己征服世界的武器。一旦获得了有钱男人的青昧，就以为自己找到了有钱有势的靠山，于是大把花钱，大举消费，完全一副超级富婆的派头。殊不知，美色、青春虽然可以做交易，却是极易贬值的东西，红颜易逝，一旦你姿色不再，你还拿什么继续生活？

又或者生活中有些女人，她们不看重钱。她们认为谈钱、名利这些东西都太俗，会违背自己追求浪漫的生活原则。这些女人，一门心思做着自己的浪漫之梦。她们认为女人只要嫁个好老公，恪守女人的“本分”，做个相夫教子的贤妻良母，就算功德圆满、成功幸福了。

爱情的确很美，可是它不能代替物质生活。正所谓“贫贱夫妻百事哀”，柴米油盐的种种计较足以消磨一个人的所有激情，爱情是需要经济基础作为支撑的。女人可以靠青春吃饭，可是时间太短，任何女人的青春都会消逝，你要学会用自己的智慧来获取财富。青春易逝，而财富能够给你更多的保障。对于如何成为一个财富女人，杨澜也有自己的看法：“我不建议女性一定要把财富作为追求的目标，但是有以下这些素质的女人容易获得财富上的成功：她应该有财富规划的观念，摒弃女性在创业时更容易出现的患得患失，要像男性一样有开拓勇气，敢于冒险；还有，协调能力很强的女人容易成功。现代社会，创造财富的过程其实是一个协调各种资源的过程，这时你与人沟通的能力、说服别人表达自己的能力都很重要。”

作为女人，你必须学会如何获取财富、如何保护你的财富、如何让你的财富不断升值。而你要想做到这些，就必须学会理财，掌握管理资产的技能。

首先，要对自己有信心。著名的成功学大师拿破仑·希尔说过，态度决定一切。面对理财，女人最缺乏的并不是才能，而是勇气和信心。要知道，做任何事情都不容易，投资也是。其中必然有一些枯燥的环节，没有看电视剧休闲，也没有逛街购物轻松。所以，解决好心态问题是关键。

其次，要掌握管理资产的技能。理财要量入为出，尽快地积累起投资的资本；尽早投资，哪怕是有限的收益率，假以时日，你就能获得可观的收入。

女人会有感性的一面，在理财中会遇到感情用事、目标模糊、遇事不果敢的时候。像在股市中，当赚得一定利润时不懂得适可而止，蚀本时也不懂得当机立断，而出现这种情况往往都是因为投资者工作过忙，不能时刻留意财经消息，或对市场变幻莫测的规律缺乏认识，因此在遇到波动时往往就不知道该如何处理了。

所以，女人在实施自己的理财投资计划前，必须要注意以下三个问题：

1．明确目标

细心了解自己现在的经济状况，包括收入水平、支出的可控制范围，以及你希望在短期（1～2年）、中期（3～5年）或者长期（5年以上）内看到的情况，根据可以判断的条件，制订一个目标，而且一旦目标定好了，就不要更改。

2．明确风险底线

任何投资都是有风险的，要明确当遇见不利时自己愿意接受的蚀本的程度是多少。明确这个目标是为了面对不测的风险时能作出果断的决策。

3．学习培养兴趣

对自己投资的项目越了解越好。多留意财经信息，多听专家意见，同时还要学着判断资讯及他人意见，结合自己的情况做取舍。不要人云亦云，跟风是很危险的。

女人要生活得快乐，要获得浪漫的生活，就不能把希望寄托在别人身上，不管那个人有多么爱你、多么愿意为你付出，他也只能是你生活中的备用方案。女人只有自己掌管金钱，才能在人格与地位上获得独立，也才能够自由自在、快快乐乐地生活。

潜在赚钱方式：跟上“炒作”时尚，“曝光”自己

就像当年离开中央电视台令人震惊，杨澜在1999年9月辞去凤凰卫视节目主持人，经过一段时间的休整，2000年1月，杨澜动用约3500万元的资金，与友利电讯主席高振顺联手收购了良记的控股权——良记原是香港一家主营建筑的公司，经营长期处于低潮，3月17日，良记正式更名为阳光文化网络电视有限公司，并公布了公司发展方向，建设以历史人物传记片为主要产品和资源的宽频网站，为各媒体及网络电视观众提供服务，杨澜出任主席。由于人们对杨澜普遍看好，在股民的竭力追捧下，杨澜所拥有的良记股份市值在短期内一度迅速暴涨至8.4亿元，杨澜也由此开创了自己的财富时代。这其中，自然与杨澜的个人影响力不无关系。

如今的社会不再是那个“酒香不怕巷子深”的社会，纵然我们是“皇帝的女儿”，要想嫁出去，也免不了要走出深宫，主动推销自己。

在这个世界上，真正比我们聪明的人只有5%，而比我们愚蠢的人，也只有5%，我们大多数人都是普通人。既然这样，我们靠什么理由去说服买家，证明自己比别人有更高的身价，更值得他选择呢？这里给你提供几个自我推销的技巧。

1．确定交往对象

请考虑一下：你在公司里喜欢与哪些人交谈？他们对你有什么期望？你有哪些特点能够对你的“对象”产生影响？请注意观察优秀同事的行为准则，并学习他们的优点。

2．善用别人的批评

许多营销部门利用民意调查表，了解消费者对产品好坏的评价。你也应了解别人对你的评价，应该坦诚地接受批评，从中吸取教训，应当注意言外之意。例如，如果你的上司说，你干活很快，那么在这

背后也可能隐藏着对你的批评。

3．要善于展示自己

要尽量展示自己的优点。例如，你的语调是否庄重、胆怯或令人讨厌？语调与身体姿势、行走、握手和微笑一样可以说明一个人的许多特性。

4．精心包装自己

超级市场的货架上灰色和棕色的包装为什么那么少？这是因为没有人喜欢这些颜色的包装。你要不想成为滞销品，也应当检查自己的“包装”——服装、鞋子、发型。要经常改变自己的“包装”，时常给人耳目一新的感觉。

5．说话要明确

说话要言简意赅，不要用“也许”或“我想只好这样”等词句来表达。上司一般都喜欢下属能有一个明确的态度，不论对人还是对事。

6．占领“市场”，建立关系网

你在公司里的知名度怎么样？要使自己引起别人的注意，例如，在夏天组织一次舞会或与同事们一道远足。要与以前的上司们保持联系，建立一张属于自己的关系网。

7．适当地表露自己的成绩

不要怕难为情，大胆地说出你自己已经取得的成就。没有必要总是谦虚。你得学会表扬你自己，尤其在上司面前显示自己的成绩。但要注意的是不要将之天天挂在嘴边，那样会使人厌烦；找准时机，不显山不露水地提出，让别人注意就应适可而止。

8．不要害怕危机

如果你负责的项目遭到失败，既不要惊慌失措，也不要转而采取守势，而应勇敢地承担责任，积极寻找解决问题的办法。在紧张状态下，头脑清醒、思路敏捷的人会得到上司的器重。

总之，女人要想赚钱，就需要适时适地地宣传自己、推销自己。

发挥优势，让每一分钱都“信手拈来”

在美国留学时，杨澜常常听到这样一个一直被人们广为流传的寓言故事：

为了像人类一样聪明，森林里的动物们开办了一所学校。学生中有小鸡、小鸭、小鸟、小兔、小山羊、小松鼠等，学校为它们开设了唱歌、跳舞、跑步、爬山和游泳5门课程。第一天上跑步课，小兔兴奋地在体育场中跑了一个来回，并自豪地说：“我能做好我天生就喜欢做的事！”而看看其他小动物，有撅着嘴的，有沉着脸的。放学后，小兔回到家对妈妈说，这个学校真棒！我太喜欢了。第二天一大早，小兔蹦蹦跳跳来到学校，上课时老师宣布，今天上游泳课。只见小鸭兴奋地一下子跳进了水里，而天生恐水、不会游泳的小兔傻了眼，其他小动物更没了招。接下来，第三天是唱歌课，第四天是爬山课……学校里的每一门课程，小动物们总有喜欢的和不喜欢的。

这个寓言故事诠释了一个通俗的哲理，那就是“不能让猪去唱歌，兔子去学游泳”。要成功，小兔子就应跑步，小鸭子就该游泳，小松鼠就得爬树。我们也一样，很多时候我们无法取得较大的成功，不是因为我们自身的能力不够，而是我们选择的方向发生了偏差，我们没有选取自己最擅长的领域，而是在自己不够精通的方面绞尽脑汁，所以花费了大量的时间却总难如愿。假如我们发挥优势的话，其实挣每一分钱都会像杨澜那样显得“信手拈来”。

夏菲，一个敢炒老板鱿鱼的清华女孩，在她26岁生日时，账上已经拥有了140万元……她的创业之路因为选择了自己所喜欢和擅长的，所以水到渠成。

1998年夏菲从清华大学毕业。起初的时候是在意大利SKI驻深圳分公司做翻译，这家公司无论是从环境还是收入上来讲，条件都是非常不错的。但给夏菲印象最深的，还是公司里那些可爱而富有朝气的意大利女孩，一个个穿着时髦得体，显得魅力四射。夏菲受她们的熏陶，穿着品位不断提高。这一条件也成为夏菲向别的领域发展的前提条件。

在一次私人酒会上，夏菲结识了深圳某电视台的节目主持人刘小姐，这位目光锐利的时尚丽人盯着她身上那套精心搭配的服装赞叹不已，并鼓励夏菲做服装生意。而对于夏菲来说，自己喜欢时尚，加上捕捉时尚的眼光被很多人所认同，何不开个特色服饰店呢？于是，夏菲选择辞职，毅然下海，将自己的时尚触觉变成人人触手可及的四家时尚服饰店，靠自己的独特眼光为更多的人服务。

夏菲发挥自己的优势，不仅赚到了不少的钱，而且享受了自己当老板的乐趣。

女人如果要做到发挥自己的强项，首先要认识自我，了解自己的长处。那么，怎么样认识自我呢？想要认识自我，与别人相比较，是一种最简便、有效的途径。除此之外，还要经常与某些理想的标准相比较，把她们作为比较的对象，以自己能否达到跟她们同样的标准作为衡量成功或失败的尺度。

女性需要跟别人交往、共处，因而别人对你的态度，相当于一面镜子，你可以从中观测到自身的一些情况。比如，某人若是被父母所疼爱，被师长所重视，被朋友所尊重和喜爱，大家都乐于和她交往，愿意和她一道工作或游戏，那就表示她一定具备某些令人喜爱的品质。如果她经常被大家推举主持某项工作，或是经常成为周围人求教的对象，则表明她具备某些才能，或是在某些方面超越了其他人。

凭借本身实际工作的成果来评定自己，由于这种方法有比较客观的事实作为依据，所以通常因此而建立的自我印象也是比较正确的。

女人要想赚钱赚得更容易，发挥强项是不错的选择。

金钱是手段，过好日子才是目的

我们要赚钱、要理财、要掌控金钱，这都是因为金钱能让我们生活得更好。我们不是为了赚钱而赚钱。再多的金钱也仅仅是手段，把日子过好才是我们的目的。很多人问杨澜对财富有怎样的看法，杨澜说："我觉得财富带来最大的好处是让你有不做自己不喜欢事情的权利，从这一点来说，财富是非常值得拥有的；但如果想用财富去换得人性当中的爱、尊贵——你是买不到的，那些还需要你付出你的心、你的爱去获取。"金钱虽是生活的必需，但并不是生活的目的，我们要对金钱秉持正确的态度，才不会成为它的奴隶。

星云大师曾经说过一句话："有钱是福报，会用钱才是智慧。"很多人想要财富，为此不惜使自己成为赚钱的工具。很多人拥有财富，却不知道如何将这份福报转化为能滋润自己和他人的甘霖。

每个人都希望拥有自己的房子，但如果不能和至爱的家人住在一起，别墅也就没有了家的感觉；每个人都希望拥有自己的田产，但若不在其中播撒种子，一块荒地也就失去了存在的意义；每个人都希望拥有巨额的财富，但如果只是紧紧握在手中而不使用，一张永远不能支取的存折的价值又在哪里呢？

以前，有一对兄弟，他们自幼失去了父母，相依为命，家境十分贫寒。他们俩终日以打柴为生，生活十分艰苦。即便如此，兄弟俩也从来没有抱怨过，他们起早贪黑，一天到晚忙得不亦乐乎。而且，哥哥照顾弟弟，弟弟心疼哥哥，生活虽然艰苦，但过得还算舒心。

观世音菩萨得知了他们二人的情况，为他们的亲情所感动，决定下界去帮他们。清晨时分，菩萨来到兄弟俩的梦中，对他们说：“远方有一座太阳山，山上撒满了金光灿灿的金子，你们可以前去拾取。不过路途非常艰险，你们可要小心！并且，太阳山温度很高，你们一定要在太阳出来之前下山，否则，就会被烧死在上边。”说完，菩萨就不见了。

兄弟二人从睡梦中醒来，非常兴奋。他们商量了一下，便起程去了太阳山。一路上，他们不但遇到了毒蛇猛兽、豺狼虎豹，而且天空中狂风大作、电闪雷鸣。兄弟俩咬紧牙关，团结一致，最终战胜了各种艰难险阻，来到了太阳山。

兄弟俩一看，漫山遍野都是黄金，金灿灿的，照得人睁不开眼。弟弟一脸的兴奋，望着这些黄金不住地笑，而哥哥只是淡淡地笑。

哥哥从山上捡了一块黄金，装在口袋里，下山去了。弟弟捡了一块又一块，就是不肯罢手。不一会儿整个袋子都装满了，弟弟还是不肯住手。此时，太阳快出来了，可是弟弟仍在不住地捡。

一会儿，太阳真的出来了，山上的温度也在渐渐升高。这时，弟弟才慌了神，急忙背着黄金往回跑，无奈金子太重，压得他根本跑不快。太阳越升越高，弟弟终于倒了下去，被烧死在太阳山上。

哥哥回家后，用捡到的那块金子当本钱，做起了生意，并且时常资助身边需要帮助的人。后来哥哥成了远近闻名的大富翁和慈善家，可弟弟永远留在了太阳山。

这个故事中，弟弟一心“拥有”，而哥哥聪明“拥有”，前者因贪得无厌而命丧黄泉，后者却因“不贪”享受到了财富带来的福报。

金钱是人们满足自身物质需求的重要手段，常人对金钱的渴望就如同对物质享受的贪恋。人人都想“拥有”，这无可厚非，但问题在于多数人的欲望没有止境，填饱了肚子，又求珍馐；娶了娇妻，又想美妾；有了房舍，又求华厦；谋得一职，又求升官；得到千钱，又求万金……宝贵的一生就在这无止境的追求“拥有”中，苦恼地度过了。

我们要过好日子，就要冷静地面对金钱，控制你的金钱，在你的人生各个阶段制订好你的用钱计划是非常必要的和重要的，另外就是进行投资，用钱来赚钱，等你的财富资产积累到一定程度后，你的资产将会为你带来源源不断的财富，你便会最终实现财务上的自由，此时，你可以得意地说：“我是金钱的‘总司令’。”既然是金钱的主人，那就理所当然地让金钱为你工作，你也可以像杨澜一样用金钱举办慈善事业，做许多有益于大众、有益于社会的事。

第六篇

做真实的自己，过想过的生活

杨澜经常倡导女性要以“大女人”的姿态去生活。“大女人”会抛弃那种斤斤计较、哀哀怨怨的情怀，用一种阳光、热情、开朗的心态去生活，她们率真、快乐、知足，对生活充满信心、对自己的生活负责，做真实的自己，过自己想过的生活。

Chapter 20

凭海临风，以“大女人”的姿态生活

从容坦然是最优雅的心态

杨澜曾在她的散文集《凭海临风》中写道：“每一个有着丰富回忆的人，当他们回首历史往事，品尝个中滋味的时候，就像是在高速摄影中观察一棵果树的生长，看到春夏秋冬、花开花落，果实由青变白、由白转红，如果这果实成熟落地，岂不是最自然的结局吗？从容坦然，在我看来，是最优雅的心态。”

世间很多事情都是难以预料的，亲人的离去、生意的失败、失恋……都会让好多人痛不欲生，有时候人也会受到幸运之神的眷顾，收获意想不到的幸福，例如爱情，例如受到老板的赏识，再如买彩票中了大奖，等等。

人生有好多事情在意料之外，当你正春风得意的时候却会突然发生一些让你痛不欲生的事情，当你正想着要好好努力挣钱的时候，突然之间的意外之财从天而降，让你不知所措。或者大悲，或者大喜，人往往很难做到从容地面对意外，所以各种烦恼接踵而至。

有一则有趣的笑话：下雨了，大家都匆匆忙忙往前跑，唯有一人不急不慢，在雨中踱步，旁边跑过的人十分不解：“你怎么不快跑？”此人缓缓答道：“急什么，前面不也在下雨吗？”

如果从另一个角度看，当人们在面临风雨匆忙奔跑之时，那个淡然安定欣赏雨景的人，其实深谙从容的生活智慧。在现代都市竞争的人性丛林，从容淡定是一种难以达到的大境界，别人都在杞人忧天、慌不择路，只有他镇定从容。

女人大多是感性的，女人高兴的时候就会大笑，悲伤的时候就会掩饰不住地痛哭流涕，在遇事的时候女人往往很难保持从容镇定，过于的大喜或者大悲，得意的时候忘形，失意的时候过于的自卑或者悲伤。对于“得意忘形”，人们往往很容易理解，其实，人世间还存在一种情况——“失意忘形”。其意思也不难理解，就是说有的人本来很好，富贵得意，对任何事情都处理得很好，然而一旦失意，却连人也不愿意见，自卑、烦恼接踵而至，完全像变了一个人一样。

儒家经常告诫人，不要得意忘形，这是很难做到的。一个人发了财，有了地位、有了年龄，或者有了学问，自然气势就很高，得意就忘形了，所以人要做到得意不忘形很难。但是以我的经验还发现另一面，有许多人是失意忘形，这种人可以在功名富贵的时候，修养蛮好，一到了没有功名富贵的时候，就都完了、都变了；自己觉得自己都矮了、都小了，变成失意忘形。

所以得意忘形与失意忘形，同样都是没有修养，都是不够的，换句话说，是心有所住。有所住，就是被一个东西困住了，而佛教人应无所住而行布施，是解脱，是大解脱，一切事情物来则应，过去不留。辜鸿铭先生说，一个人如果能受得了寂寞与平淡，才是真正的修养到家，得意不忘形，失意更不忘形。

走出阴影，沐浴在明媚的阳光中。不管过去的一切多么痛苦、多么顽固，把它们抛到九霄云外。不要让担忧、恐惧、焦虑和遗憾消耗你的精力。要主宰自己，做自己的主人，从从容容才是真。

每个年龄阶段都是最好的

作为女人，谁不希望青春永驻？但终究是谁也逃不过光阴的痕迹，青春永远只是人生的美丽过客，来不及缱绻情长，便倏然离去。于是经常会听到身边很多女人的叹息："唉，老了！"这个社会创造出来的"崇拜青春"的文化，让女人惧怕年老色衰，当岁月的光华从女人身上褪去，她们便开始对镜自怜，陷入对青春的无限怀念中。

其实，女人完全没有必要如此自怜。人生的每个年龄段都有自己独特的魅力，美国著名的休闲杂志《人物》周刊每年都要评选出"本年度全球最美丽50人"。"2002年全球最美丽50人"中有20多位都是40岁左右的女性，她们让整个世界明白了一个道理：时光雕刻成的美丽有着更长久光辉的价值。优雅的气质、善良的心灵、温柔的谈吐、不俗的才情、豁达乐观的生活态度都是女性美的体现，这些比漂亮年轻的外表有着更迷人的魅力。时光并不能削减女人的美丽，只为她们增加了成熟的韵味和知性的优雅。变老也可以是一种积极、健康，充满活力的体验，也可以是一个很优雅的过程。杨澜就曾说过："你如果要去看一个女人美不美，应该看她在50岁的时候是什么样子。那个时候，是她一辈子修行的结果。我希望我到50岁的时候是一个漂亮的老太太。"

香港著名影星张曼玉年轻时很美，但那只是一种单薄的漂亮。斗转星移，如今已年过四十的张曼玉又是另外一种美丽，眉目之间多了份从容不迫、淡泊优雅的味道。岁月并不能让她老去，而只是给她时间，让她一丝丝地散发出那股迷人的韵味。可以说如今的张曼玉才真正散发出了她独特的韵味和美丽。对此张曼玉说："女人漂亮是上天所赐，但美丽是一种境界。当你穿越美丽的缤纷外表后，呈现出的必然是精彩人生。"她认为女人最重要的还是要看心态，只有先赢得了自己的心才可以做到美丽。一定要把身心都放轻松，别为自己的年龄担忧，积极调整自己的心态，美丽才会一直伴你左右。

人们担心自己老去还有一个因素是惧怕死亡的到来，人们总在心里认为，年龄越大也就离死亡越近。杨澜曾在《凭海临风》中这样写道："人从萌芽开始，就驶上了一条没有退路的航线。天灾人祸、意外事端，死亡对于儿童、青年、老年几乎是机会均等，随时可能降临的。从这个意义上来说，老年本身并不与死亡更亲密。而每位老年人都应该心存感激，感激上天给了自己体验完整人生的机会。没有什么比在老年时面临死亡更自然的事了。"如此想来，变老更加不是一件需要恐惧和担忧的事了。

杜拉斯在《情人》中写道：我已经上了年纪，有一天，在一处公共场所的大厅里，有个男人朝我走过来。他在做了一番自我介绍之后对我说："我始终认识您。大家都说您年轻的时候很漂亮，而我是想告诉您，依我看来，您现在比年轻的时候更漂亮，您从前那张少女的面孔远不如今天这副被毁坏的容颜更使我喜欢。"

那么，几岁才是生命中最好的年龄呢？电视节目拿这个问题问了很多的人。

一个小女孩说："两个月，因为你会被抱着走，你会得到很多的爱与照顾。"另一个小孩回答："3岁，因为不用去上学，你可以做几乎所有想做的事，也可以不停地玩耍。"一个少年说："18岁，因为你高中毕业了，你可以开车去任何想去的地方。"一个女孩说："16岁，因为可以穿耳洞。"一个男人回答说："25岁，因为你有较多的活力。"

这个男人43岁。他说自己现在越来越没有体力走上坡路了。他15岁时，通常午夜才上床睡觉，但现在晚上九点一到便昏昏欲睡了。一个3岁的小女孩说生命中最好的年龄是29岁。因为你可以躺在屋子里的任何地方，虚度所有的时间。有人问她："你妈妈多少岁？"她回答说："29岁。"某人认为40岁是最好的年龄，因为，这时是生活与精力的最高峰。一位女士回答说45岁，因为你已经尽完了抚养子女的义务，可以享受含饴弄孙之乐了。一个男人说65岁，因为可以开始享受退休生活。

最后一个接受访问的是一位老太太，她说："每个年龄都是最好的，享受你现在的年龄吧！"只有你现在的年龄才是最真实的，不要回避现在的真实与琐碎，让欢乐成为现实的中心。如果有荆棘刺破你的脚，那也是现在最真实的痛。

"睿智的心灵在于它的开阔与宽松"

如果有人要编撰《杨澜语录》的话，相信很多人都会喜欢她的这句话："一所舒适的住宅在于它的未被占满的空间，一颗睿智的心灵在于它的开阔与宽松。"杨澜在美国留学期间制作《杨澜视线》时其中一期的选题是关于美国老年人生活，为此她采访了位于纽约市外斯坦顿岛上的"安乐家"老人院。这句话是杨澜在看过了很多孤寡老人或喜或悲的生活状况后，发自内心的感叹，她说这些老年人"正因为与世事的喧嚣拉开了一定的距离，才更应该有了某种超脱，对人生有了更清醒的见识。这种精神的陈酿，不仅是社会的财富，更是他们自身幸福的最好的保障"。给心灵留点自由宽松的空间，是我们智慧处世必不可少的关键之一。

每个人都希望自己的生活过得一帆风顺，轻轻松松，简简单单，然而生活却有重重压力。例如，追求的失落、奋斗的挫折、情感的伤害，等等，都让我们的心灵背上了重重的负荷。面对压力，要想获得平和的心，有一个最重要的方法，那就是注意为自己的心灵留下适当的空白，使自己的内心保持一定的余裕。

事实上，刻意地使心灵空白的确能有效地为人们带来心安的感受。在这个过程中你可以将头脑中忧虑、不安、沉重、憎恶等不良情绪“清空”，取而代之的是愉悦、安定、轻松、满足的心境。

成功学大师卡耐基曾在“拉赖因号”轮船上举办过一场演讲会。他在演讲中说道，“当你感觉到内心有压力和烦恼时，不妨走到船尾去，把烦恼的事一一说出，然后把它们抛掷到汪洋大海中，注视着它们直到它们消逝不见。”这个建议乍听起来仿佛有一点荒诞和幼稚，但是当晚却有一个人跑来对他说：“我按照你的话去做了，结果觉得心中非常舒畅，这实在是件令人吃惊的事呀！”这人还继续说道：“待在船上的这段时间里，我将天天在日落的时刻，把一切恼人的烦忧抛入大海，直到自己觉得完全没有一丝烦恼为止。同时我将日日注视着这些烦恼消失于时间的大海里！”

的确，我们很多时候因为忙碌，因为各种事情的困扰，我们每天从早到晚的工作，没有自己的时间，我们没有给自己的心灵时间，没有给自己心灵对话的时间，或者让自己的心灵完全处于一片空白。静静地去听一首喜欢的音乐，安静的，或者大笑或者大哭着看完一场电影，简简单单地去野外欣赏大自然的美景，或者只是安安静静地坐着，什么都不想、都不做，又或者周末去除所有忙碌，一个人给自己煮一壶咖啡，惬意地坐在窗前晒着太阳。这样的日子会让自己心情非常愉悦，我们不必很功利地为了学英语去看外文电影，或者为了学习某些东西去看一些书，只是很简单地、很享受地信手拈来一本自己喜欢的书，很随意地翻看着。

很多时候我们会被各种各样的烦恼所困扰，为自己的前途奔波，为父母的身体担心，为孩子的择校而忙碌，为自己日渐发胖的身体而忙着减肥，什么时候我们能够有自己的时间？什么时候能够不被这些很烦琐的事情所左右呢？我们的大多数时间被一个叫做“忙碌”的东西所占用，到头来却发现自己需要的东西一个都没有得到，而实际上生活需要一些宁静，自己的心灵需要定期的清空，需要我们将生活那些烦恼都倒出去，新鲜的、带有活力的内容才可以填充进来，否则，我们的生活将是一团糟，烦躁、抑郁接踵而来。

女人需要这样的安静，可以清空内心的烦恼和忧虑，使我们从压力中解脱出来。当然，仅使心灵空白还是不够的，必须加进一些内容才行，因为人的心灵不能永远呈现空白而毫无内涵，否则，曾经丢弃的消极想法极有可能又会重新蹿入你的思想之中。因此，我们必须在心灵呈现空白的同时，立即注入富含创造性、健康性的想法。这样一来，那些负面的想法就无法再对你造成任何影响。久而久之，那些重新注入脑中的新想法将在你的思想中生长，而且能击退任何负面的想法。那时你的心灵将远离压力的困扰，永葆平和。

活在“勇气的氛围”里，不做“寂寞的一群”

在美国期间，杨澜曾到一家养老院去做采访，住在这里的人多是一些孤寡老人。她走进这家养老院时是上午十点左右。“阳光透过宽大的玻璃窗射进一楼的活动大厅，这里是老人们活动的主要场所。窗边一排排的沙发上，坐着三三两两的老人，或念念有词，或呆坐出神，互不答理，对我们的摄像机也没有任何兴趣，连眼皮也不抬一下。”对这些老人来说，生活对他们不再有任何激情和乐趣，他们只是按照惯性在生存着。而同样是在这家养老院里，有些老人却活得非常快乐，他们愉快地交谈，互相开着玩笑，脸上完全看不到凄凉的神色。相同的处境，因为心态不同，而让这些老人的晚年生活如此迥异。

每个人都有追求，并且希望达到完善，这本是一种天性，但人性的历程始终得失相随，难有十全十美的时候，因而每个人都应该有一定的心理承受能力。特别是当遇到挫折或打击后，应积极努力地将紧张或焦虑心态转移或发泄出来，防止其持续作用而损害健康。如果人们面对挫折和打击时将自己“封闭”起来，甚至消极悲观，独居一隅，这样发展下去，就会陷入现代生活易发的“自闭”心理状态而不能自拔。

暂时的自闭孤独有时也是一种休息、放松及宣泄。但是这种自闭只能是暂时的，如果长时间陷入其中，必然会导致心灵的失衡，产生好走极端的倾向。而且，长期的封闭会阻隔个人与社会的正常交往。处在封闭环境之中的人，感觉不到封闭，就必然导致精神的委靡、思维的僵滞，这会使人认知狭窄、情感淡漠、人格扭曲，最终可能导致人格异常。

一个长期被孤独感笼罩的人，精神受到长时间的压抑，不仅会导致心理失衡，影响智力和才能的发挥，还会引起人的心理、思想上的一系列变化，使人思想低沉、精神委靡，失去对事业的进取心和对生活的信心。

五年前，马丽失去了丈夫，她悲痛欲绝。自那以后，她便陷入一种孤独与痛苦之中。“我该做些什么呢？”在丈夫离开一个月之后的一天晚上，她对朋友哭诉，“我将住到何处？我要怎样度过孤独而漫长的岁月？”

朋友安慰她说，她的孤独是因为她身处不幸之中，才50多岁便失去了丈夫，自然悲痛异常，但时间一久，这些伤痛和孤独便会慢慢消失，她也会开始新的生活，从痛苦的灰烬中建立起自己新的幸福。

“不！”她绝望地说道，“我不相信自己还会有幸福。我已不再年轻，孩子也都长大成人，成家立业。我孑然一身还有什么乐趣可言呢？”抱着这种孤独，马丽得了严重的自怜症，而且不知道该如何治疗。好几年过去了，她的心情一直没有好转。

有一次，朋友忍不住对她说："我想，你并不需要别人的同情或怜悯。无论如何，你可以开始自己的新生活、结交新的朋友、培养新的兴趣，千万不要沉溺在旧的回忆里。"她没有把朋友的话听进去，因为她还在为自己的孤独自怨自艾。后来，她觉得孩子们应该为她的幸福负责，便搬去与一个结了婚的女儿同住。

但事情的结果并不如意，她的孤僻使她和女儿都面临一种痛苦，甚至恶化到母女反目成仇。马丽后来又搬去与儿子同住，但也好不到哪里去。后来，孩子们只好买了一间公寓让她独住，但这更加重了她的孤独感。

她对朋友哭诉说，所有的家人都弃她而去，没有人要她了。马丽一直都没有再享受到快乐的生活，因为她认为全世界都在孤立她。她实在是既可怜，又可悲，虽然年过半百，但还是像小孩一样没有成熟。

大多有孤独感的人，并不情愿离群索居、孤身独守。他们有的是在坎坷难行的人生路上遭遇了痛苦，因而或嗟叹人生艰难，埋怨命运刻薄，或痛恨世态炎凉，咒骂人心虚伪；有的是感到自己怀才不遇，知音难觅，得不到别人的理解，因而不愿去理解别人，索性独处一隅，洁身自好；也有的是自己看不起自己，不相信自己，在人群中徒见别人风流潇洒、知识渊博，因而自惭形秽，不敢也不愿意与人交往……境遇各有不同，其结果却大致相同：把自己置身于孤独之中，引发无边的伤感。

在加州奥克兰的密尔斯大学，校长林·怀特博士在一次女青年会的晚餐聚会上，发表了一篇极为引人注意的演讲，内容有关现代人的孤寂感。"20世纪最流行的疾病是孤独。"他如此说道，"用大卫·里斯曼的话来说，我们都是'寂寞的一群'。由于人口越来越多，人性已汇集成一片汪洋大海，根本分不清谁是谁了……居住在这样一个'不拘一格'的世界里，再加上政府和各种企业经营的模式，人们必须经常由一个地方换到另一个地方工作。于是，人们的友谊无法持久，时代就像进入另一个冰河时期一样，使人的内心觉得冰冷不已。”

那些能克服孤寂的人，一定是生活在怀特博士所说的“勇气的氛围”里。我们无论走到哪里，一定要培养出与人们亲密的情谊关系，就好像燃烧的煤油灯一样，火焰虽小，却能带给人光亮和温暖。

Chapter 21

率真杨澜：“酷也是一种生活态度”

追求心灵的自由和真实的自己

“在旁人眼里，我也是个极理智、极有条理的人，做事有分寸，考虑问题也很周到，每天需要做的事安排得有条不紊。我也许还算得上是个‘好’的女孩。知书达理、尊师重长、待人谦和、斯文端庄、从不惹是生非……总之，我是一个目标明确，头脑冷静，生活在许多条条框框里的人。”这是杨澜在一篇名为《好孩子》的文章中对自己的一段描述，相信这也是荧屏前光彩照人的她给大多数人的印象，但这还不是全部的她，我们来听听杨澜接下来的自我剖白：“但是，如果我告诉你我的血型是AB，也许会使你猜想我性格的另一面。在我的骨子里，我渴望热烈浪漫的生活，渴望冒险，渴望挣脱一切羁绊，远离尘嚣，在天上飞！”

事实上，杨澜所走的每一步也确实是受她内心思想指引的。1994年，杨澜在众人不解的目光下，选择远涉重洋，到大洋彼岸重新做了一名学生，很多人都为她惋惜，但杨澜丝毫不受影响，她过得坦然而快乐：“没有了‘明星’的负担，还一个朴素自然的我，读爱读的书，听爱听的课，写爱写的文章，呼唤我曾久违的新鲜明净的校园空气，实在是人生一大乐事、一大幸事！”

我们印象中斯文端庄、循规蹈矩的杨澜和她的真实思想矛盾吗？答案是否定的。有人说，每个人心里都藏着自由飞翔的梦。自由对每个人来说都有着巨大的诱惑力，无论是身体的自由，还是心灵的自由。

某大型机械化养鸡场里，一个个大房间里排列着近百个小笼子，每个笼子里都有两只产蛋鸡。笼子很小，母鸡在里面根本无法转身。鸡笼前面的自动传送带给它们送来食物，后面的传送带则带走它们刚下的鸡蛋。

一位参观者发现不远处有十几只四处游荡的鸡，一个工作人员正在撒米喂它们。

“你是想把它们引回鸡笼吧？要帮忙吗？”他问工作人员。

“谢谢，我不想抓住它们，”那个员工对他说，“我们有意让这几只鸡自由活动，关在笼子里的那些家伙如果看不到几只自由的鸡，会由于神经过度紧张而停止产蛋。如果没有这几个‘逃跑’分子，其他鸡最终会放弃希望，甚至死掉。”

用这些鸡让人们意识到人们的生活方式和这些笼子里的鸡是多么相似。多少人一生都生活在笼子里，渴望看着别人去历险，追求梦想，享受自由。

大诗人裴多菲曾放歌：生命诚可贵，爱情价更高。若为自由故，两者皆可抛。西方一句谚语说，“自由的乞丐，比囚禁的国王幸福”。外界的许多东西，常成为限制和束缚我们自己的锁链。拥有自由的生活，才等于拥有幸福。生活中，要想一身自由、轻松，须懂得及时舍弃许多不必要的欲望重负，金钱、地位、名声、应酬、面子……日复一日地追逐，当然失却了自由，而备感辛苦疲惫，心力交瘁。生活得自由自在，才是真性情、真幸福。

“真实比正确更重要”

童话里的红舞鞋，漂亮、妖艳而充满诱惑，一旦穿上，便再也脱不下来。我们疯狂地转动舞步，一刻也停不下来，尽管内心充满疲惫和厌倦，脸上还得挂出幸福的微笑。当我们在众人的喝彩声中终于以一个优美的姿势为人生画上句号时，才发觉这一路的风光和掌声，带来的竟然只是说不出的空虚和疲惫。

那为什么不停下来呢，许多人可能都会这么问。而大多数的情况是，当周围的人都给你制定了一个成功或正确的标准时，你将很难摆脱它。幸福的生活取决于自己的感受，而不是他人的标准，这个看似简单的道理，事实上有太多的人都还没有真正明白。杨澜曾说：“从小到大，父母总在教我什么是正确的，什么是错误的；社会在教我什么是被认同的，什么是被排斥的。致使我以往的生活中充满了理念和规矩，总希望得到大多数人的认同和赞赏，几乎忘记了自己本来想要的东西。在走过了一段感情上的弯路之后，我终于了解了自己：真实比正确更重要，对自己真实尤其如此，因为‘正确’从来就没有固定的标准。”明白了这一点，我们就会对人生、对自己多一些认识，真正过自己想过的生活。

18世纪法国有个哲学家叫戴维斯。有一天，朋友送他一件质地精良、做工考究、图案高雅的酒红色睡袍，戴维斯非常喜欢。可他穿着华贵的睡袍在家里踱来踱去，越踱越觉得家具不是破旧不堪，就是风格不对，地毯的针脚也粗得吓人。因为他从小接受的教育以及这个社会所形成的潜在的“标准”，让他觉得这种不协调是不允许存在的。慢慢地，旧物件挨个儿更新，书房终于跟上了睡袍的档次。戴维斯穿着睡袍坐在帝王气十足的书房里，可他却觉得很不舒服，因为“自己居然被一件睡袍胁迫了”。

戴维斯被一件睡袍胁迫了，生活中的大多数人则是被过多的物质和外在的成功标准胁迫着。很多情况下，我们受内心深处支配欲和征服欲的驱使，自尊和虚荣不断膨胀，像着了魔一般去同别人攀比，谁买了一双名牌皮鞋，谁添置了一套高档音响，谁交了一位漂亮女友，这些都会触动我们敏感的神经，因为我们常常把这些都当做成功的标志。一番折腾下来，尽管钱赚了不少，也终于博得“别人”羡慕的眼光，但除了在公众场合拥有一两点流光溢彩的光鲜和热闹以外，我们过得其实并没有别人想象的那么好。

女人常常会想着自己能够过上那种自己常常羡慕别人的那种生活，而以此让别人羡慕。男人爱车，女人爱别人说自己的好。从一定意义上来说，人都是爱慕虚荣的，不管自己究竟幸福不幸福，常常为了让别人觉得很幸福就很满足。人往往忽视了自己内心真正想要的是什么，反而常常被外在的事情所左右，别人的生活实际上与你无关，不论别人幸福与否都与你无关，而你却将自己的幸福建立在与别人比较的基础之上，或者建立在了别人的眼光中。幸福不是别人说出来的，而是自己感受的，人活着不是为别人，更多的是为自己而活。

《左邻右舍》中提到这样一个故事：说是男主人公的老婆看到邻居小马家卖了旧房子在闹市区买了新房，他的老婆就眼红了，非要也在闹市选房子，并且偏偏要和小马住同一栋楼，而且一定要选比小马家房子大的那套，当邻居问起的时候，她会很自豪地说：“不大，一百多平方米，只比304室小马家大那么一点！”气得小马的老婆灰头土脸的。过了几天，小马的老婆开始逼小马和她一起减肥，说是减肥之后，他们家的房子实际面积一定不会比男主人公家的小，男主人公又开始担心自己的老婆知道后会不会跟他们一起减肥！

这个故事看起来虽然很好笑，但是却时常在我们的生活中发生，故事中男主人公的老婆和小马的老婆都把住更大的房子当做成功的标准，从而使自己的生活沉浸在这个其实并不存在的“标准”里，被自己生活之外的东西所左右，岂不是很可悲？其实这个社会从来就没有固定的标准，实实在在过自己的生活比什么都重要。

你不需要得到所有人的认可

作为一个公众人物，从走上《正大综艺》的舞台开始，杨澜几乎一直生活在众人的视线里。她的一举一动，她的每一句话都逃不过观众的眼睛，都有可能被拿来评论。俗话说“众口难调”，即使优秀如杨澜，也不可能做到让每一位观众都满意。喜欢她的对她极尽溢美之词，不喜欢她的也免不了加以指责。刚开始收到批评的信件，杨澜也会伤心难过，但经过了这么多年，杨澜早已明白，谁都不可能做到让所有人都喜欢自己，更重要的是，我们不需要得到所有人的认可。

玛丽亚每天都在房前的空地上练习唱歌。一位邻居听了，冷笑着说：“你即使练破了嗓子，也不会有人为你喝彩，因为你的声音实在是太难听了。”

玛丽亚答道：“我知道，你所说的这番话，其他人也对我说过多次，但我不在乎，我只为自己而活着，不需要活在别人的认可里。我只知道在唱歌时我很快乐，所以无论你们怎么指责我的声音难听，都不会动摇我唱下去的决心。”

你不需要永远活在别人的认可里，快快乐乐地为自己活，潇潇洒洒地“自恋”，哪怕别人把自己当成“精神病患者”，我们也要做一个快乐的“美人症患者”。

如果你追求的快乐是处处参照他人的模式，那么你的一生只能悲哀地活在他人的阴影里。事实上，人活在世上，并不是一定要压倒他人，也不是为了他人而活，一个人所追求的应当是自我价值的实现以及对自我的珍惜。一个人是否实现自我并不在于他比别人优秀多少，而在于他在精神上能否得到幸福的满足。

然而，在现实生活中，很多女孩却常常为同学一句无意的嘲笑，或在工作中同事一次无心的抱怨而闷闷不乐，甚至开始彻底地怀疑自己、否定自己。其实，这样的心态是不对的。虽然我们有必要听取别人对自己的评价，但也不能过分在乎，否则，烦恼的是你自己，痛苦的也必定是你自己。

歌手范晓萱在一次访问时说：“以前我很辛苦，因为我太在乎别人的感觉，太在乎其他人怎么看我，所以，我很多时间都要去想别人怎么看，我都想做得面面俱到，把自己弄得很辛苦。现在，我开始跟着感觉走，也能比较清楚地表达我的看法就是这样。我只是想活得轻松一些，不要那么辛苦。”

的确，一个人一生为别人的评论而活着是很累的，也很愚蠢。艾莉诺·罗斯福说：“未经你的同意，没有人能使你感觉卑微。”古希腊谚语也说：“除了自己，没有人能够侮辱我们。”

我们每个人都不可能孤立地生活在这个世界上，很多的知识和信息来自别人的教育和环境的影响，但你怎样接受、理解和加工、组合，是属于你个人的事情，这一切都要你自己去看待、去选择。谁是最高仲裁者？不是别人，正是你自己！歌德说：“每个人都应该坚持走为自己开辟的道路，不被流言所吓倒，不被他人的观点所牵制。”让人人都对自己满意，这是不切实际、应当放弃的期望。

我们周围的世界是错综复杂的，我们所面对的人和事总是多方面、多角度、多层次的。我们每个人都生活在自己所感知的经验现实中，别人对你的看法大多有一定的原因和道理，但不可能完全反映你的本来面目和完整形象。别人对你的态度或许是多棱镜，甚至有可能是让你扭曲变形的哈哈镜，你怎么让人人都满意呢？

如果你期望人人都对你感到满意，你必然会要求自己面面俱到。不论你怎么认真努力去尽量适应他人，能做到完美无缺，让人人都满意吗？显然不可能！这种不切合实际的期望，只会让你背上沉重的包袱，让你因此顾虑重重，活得太累。只有懂得享受自己的生活，不受别人的消极影响，不管别人如何评论你，只要你自己觉得高兴、满足、自得其乐，你的生活就是幸福的。

永远记住一件事——善待自己

人生在世，爱自己往往会被斥责为骄傲自满、自私狂妄、缺乏修养、心态异常……在这种思想意识的影响下，人们不知不觉地学会了轻视自己、埋没自己、亏待自己、奴役自己、委屈自己、束缚自己、作践自己、压抑自己，使心灵在虚伪的阴影里煎熬着、挣扎着，不少的心理疾患和过激行为便由此而产生。

“文革”期间，有这样两位音乐家，其中一位被流放到农村为牲口铡了整整七年的草。可等他回来，人们发现他依然精神饱满，并没有憔悴衰老。他笑着说：“怎么会老呢，到哪里都有音乐，每天铡草我都是打着拍子来铡的。”

另一位也遭遇了流放，他却在流放初期自杀了。他并不是不爱自己，而是不会爱自己。当音乐这种美好的东西被践踏时，他便也随之毁灭了自己。

为什么不学会善待自己呢？如果连自己都不善待自己，还指望谁来爱你呢？懂得善待自己，不是让我们自我姑息、自我放纵，而是要我们学会严于律己和矫正自己。正像杨澜曾经说过的："学会善待自己，不是一时兴起给自己放个假，也不是享受挥金如土的快感。善待自己，是理智的、有规划的、可持续的。善待自己，就是要调整好心态，保持好理智；安排好生活，保持好形象；放松身心，学会享受。"

善待自己，就是让我们在最痛楚无助、最孤立无援的时候，在必须独自穿行黑洞的雨夜、没有星光也没有月光的时候——要学会自己送自己一枝鲜花，自己给自己撑一柄避雨的伞，自己给自己一个明媚的笑容；然后怀着美好的情感和吉祥的愿望活下去，坚韧地走过一个又一个阳光明媚的早晨。

大多数人对人生每每抱有一种力求完美的心态，凡事都要全力以赴，事事都不能落后于人，她们可能会因为衣服不好看而拒绝集体出行，也可能因为学识不佳而不敢跟人谈恋爱。可是人生根本没有什么所谓"十全十美"的事情，你又何必把自己折腾得这么累？凡事尽力而为即可，无法改变的事情就不要过度在意，要懂得从内心善待自己，才能成为一个幸福快乐的女人。

有一个女孩，她自小的梦想是成为一位歌唱家，可是她长得并不好看。她的嘴很大，牙齿很暴露，每一次公开演唱的时候——在新泽西州的一家夜总会里——她都想把上嘴唇拉下来盖住她的牙齿。她想要表演得"很美"，结果呢？她使自己大出洋相，总也逃脱不了失败的命运。

可是，在那家夜总会里听这个女孩子唱歌的一个人，认为她很有天分。"我跟你说，"他很直率地说，"我一直在看你的表演，我知道你想掩藏的是什么，你觉得你的牙长得很难看。"这个女孩子非常窘，可是那个人继续说道："这是怎么回事？难道说长了龅牙就罪大恶极吗？不要去遮掩，张开你的嘴，观众欣赏的是你的歌声。再说，那些你想遮起来的牙齿，说不定还会带给你好运呢。”

她接受了他的忠告，没有再去注意牙齿。从那时候开始，她只想到她的观众，她张大了嘴巴，热情而高兴地唱着，后来，她成为电影界和广播界的一流红星。她的名字叫凯丝·达莉。

其实，人生远没有我们想象中那么复杂，你过于在意，反而会因为紧张而失去。所以，在经历一些苦痛时，我们也应该学会释怀，就把生命当成一场旅行，每一处都是一道风景。景色不好，你就可以少花费一点时间在这里，景色很好，你才去驻足。这样，你的人生就会增添许多乐趣。

“金无足赤，人无完人”，我们都应该认识到十全十美的人和事物是根本不存在的，不要因为不完美而恨自己。只有从内心接受自己、喜欢自己，坦然地展示真实的自己，才能拥有成功快乐的人生。哲学家伏尔泰曾言：“幸福，是上帝赐予那些心灵自由之人的人生大礼。”这句话足以点醒每一个追求幸福的人：要做幸福的人，你首先要当自己思想、行为的主人。换言之，你只有做自己、善待自己，你的幸福才会降临！这就是幸福者的秘密。

Chapter 22 快乐面前人人平等

王妃or村夫，快乐面前人人平等

“维尔的游客来自世界各地，连麻烦不断的英国王妃戴安娜也来到了维尔。新年之际，她与所有来维尔的人一样，寻找一个几乎变得陌生的权力——快乐。无论王妃还是村夫，在快乐面前变得平等，自我内心的满足使世俗的价值变得无关紧要。滑雪和寻找快乐使他们的沟通不成问题。”

这是杨澜到维尔滑雪时的一段见闻，看到这段文字，让人颇有感触。的确如此，无论你是高高在上的王妃，还是普普通通的村夫，在快乐面前人人平等。快乐是上天赋予我们最平等的权力，如何使用这项权力，是我们每个人都要思考的问题。

快乐从何而来？从温馨的家庭中来，从温暖的友谊中来，从富有挑战性的工作中来……其实快乐无处不在，生活中到处充满了快乐：买到自己喜欢的漂亮衣服；吃到自己想吃的美味食物；想睡的时候，睡一大觉；想玩的时候，尽情去玩；有自己喜欢的宠物，有无话不谈的知己……只要有其中之一，就可以算有令人快乐的理由了。

快乐既不需要依靠他人，也完全不必借助外物。把重心放在自己的男（女）朋友或丈夫（妻子）或孩子身上，情绪完全被其掌握，失去了自我的愉悦，并不是真正的快乐。而将快乐根植于金钱和由金钱带来的显赫地位以及挥霍无度的生活也是完全错误的，一旦失去这些，所谓的“快乐”也将烟消云散。

快乐就在我们每个人的身边，选择快乐、抓住快乐、拥抱快乐，你就是一个快乐的人！

一位闻名遐迩的老人被电视台节目主持人作为特邀嘉宾邀请来参加活动。她确实是一个非常杰出的老人。她的讲话完全没有经过特别的准备，更没有经过任何排练。这些讲话与她的个性是完全一致的，她精神极好，容光焕发，充满快乐。无论她想说什么，她都毫不掩饰，而且思维敏捷。她的机智幽默，让听众捧腹大笑。大家都非常喜爱她。

这次节目，她给人留下了深刻印象，她也和其他人一样感到特别的兴奋。

最后，节目主持人问这位老人为什么总是这样高兴：“你一定有什么特别的让自己快乐的秘密。”

“不，没有，”老人回答说，“我没有什么特别的秘密。这只不过和你脸上的鼻子一样普通。每天早上起床的时候，我有两种可能的选择：要么高兴，要么不高兴，你想我会选择什么呢？当然，我会选择快乐，这就是全部的秘密所在。”

这似乎也太过于简单，而且这个老人的思想也好像太肤浅。但是，这让我们想到了林肯，林肯曾经说过境由心造，你的心里有多快乐，你也就会得到多少快乐。如果你想让自己不开心，那你时时刻刻都可以不开心。而且，这也是世界上最容易做到的事情。你可以告诉自己什么事情都不顺利，没有什么事情让自己满意，那么，你肯定开心不起来。但是，如果你对自己说“事情进展良好，生活也不错，所以，我选择开心”，那么，你肯定就会快乐起来。

是的，无论生活给我们笑脸，还是给我们苦酒，我们都要保持一种快乐的心情，做个快乐的俏佳人最好，只要我们快乐，就能永葆青春与健康！

人生是场旅行，分享温暖生命

杨澜在答普鲁斯特问卷时，针对“您认为最理想的快乐是什么”这个问题时曾答道：“最理想的快乐是有人能够跟你分享，无论是家人还是朋友。我觉得别人能够跟你分享的时候，你肯定觉得更快乐。我觉得人类还是社会动物，所以你的快乐要能够分享的时候是最理想的快乐。”

著名哲学家马塞尔曾说，人生就是一场旅行。人活在世界上都只是旅客，而不是归人。既然只是旅客，又何必在意自己“有”什么呢？我们应该在意的是，自己“是”什么，如何“做自己”。人生的一切，最后都不能带走，我们要懂得与人分享的道理。分享不单指金钱上的分享，也包括关怀、知识、信念以及尊重。

很多人都有参加旅行团的经验，在旅行的过程中大家会互相帮助，如果是到了国外，同胞之间更会互相照顾。然而等回到故乡，人与人之间的关系就淡漠了许多。事实上，人生整个说来就是一个旅行的过程，人与人之间因缘分而有机会在一起，应该珍惜及感受相处时的缘分，共同分享生命中值得拥有的温暖与关怀。

我们每个人心中都有一座美丽的大花园。如果我们愿意让别人在此种植快乐，同时也让这份快乐滋润自己，那么我们心灵的花园就永远不会荒芜。

一个男孩说，那年春天，他母亲在院子里种了一棵菊花。三年后的秋天，小小的院子变成了一个菊花园，金黄金黄的花朵簇拥着次第开放，整个小山村都散发着浓浓的芳香。

母亲陶醉了。她整日敞着院门，守在门旁边看见过往的乡邻就热情地招呼或邀他们进来坐坐，以便让满院的菊花唤来更多的目光。于是，小小的山村仿佛也在秋天美丽起来，母亲的脸上闪烁着金色的微笑。

终于，有人开口了，向母亲要几棵花种在自家院子里，母亲答应了。她亲自动手挑拣开得最鲜、枝叶最粗的几棵，挖出根须送到了别人家里。消息很快传开了，前来要花的人接连不断。在母亲眼里，这些人一个比一个知心，一个比一个亲近，都要给。不多日，院里的菊花就被送得一干二净。

没有了菊花，院子里就如同没有了阳光一样落寞。

秋天最后的一个黄昏，儿子陪母亲在院子里散步。突然，就想念起满院的菊香来。母亲轻轻拉过儿子的手，说："这样多好，三年后一村子菊香！"

一村子菊香！儿子不由心头一热，重新打量起母亲来，她的白发增添了许多，而脸上的皱纹宛若一瓣瓣菊花生动感人。

有了美好和幸福，不是独自一个人享受，而是让大家共享，并且把美好和幸福分送给每一个人，直至大家人人都有一份了，自己却变得一无所有，这种一无所有才是真正的拥有啊！

幸福犹如香水，你不可能喷向别人而自己却不沾几滴。的确，在生活中，超越狭隘、帮助他人、散播美丽、善意地看待这个世界……快乐、幸福和丰收会时时与我们相伴。在人生的旅途中，把每个相遇、相处的人都当做同行的朋友，共同分享途中的美景、关怀与感悟，生命会因分享而温暖美丽。

学会主动营造你的快乐

人的一生中总会遇到一些不称心的人、不如意的事，此时，应该以什么样的心态面对这一切呢？此时，如果你有快乐而又自信的心态，那么，结果往往是出人意料的。杨澜其实同我们一样，生活中也会遇到许多不如意的事，但随着阅历的逐渐加深，杨澜早已学会了主动去营造快乐，她在《天下女人》节目中告诉天下的女人说：要学会主动去营造你的快乐。

我们先来看看乔治夫人的故事：

乔治夫人在美国一家银行负责公共关系，办公桌就放置在银行大门内入口处的右边。每天，她总是面带微笑，不厌其烦地解答顾客遇到的各种问题，在她的办公桌上，有一篇用镜框镶起来的题为《一个微笑》的箴言："一个微笑不费分文，但给予甚多，它使获得者富有，但并不使给予者变穷。一个微笑只是瞬间，但有时对它的记忆却是永远。世上没有一个人富有和强悍得不需要微笑，世上也没有一个人贫穷得连微笑都没有。一个微笑为家庭带来愉悦，在同事中滋生善意。它嫣然地为友谊传递信息、为疲倦者带来休息、为沮丧者带来振奋、为悲哀者带来阳光，它是大自然中去除烦恼的灵丹妙药。然而，它却买不到、求不得、借不了、偷不去。因为在被赠与之前，它对任何人都毫无价值可言。有人已疲惫得无法给你一个微笑，请你将微笑赠与他们吧，因为没有一个人比无法给予别人微笑的人更需要一个微笑了。"

一位因得到她的指导而受益的职员说："我学会了微笑的技巧，这改变了我的人生，我现在不但自己快乐，也给别人带来了快乐，我感到我正一步步迈向成功。"

这个故事告诉我们：人生充满了选择，而生活的态度就是一切。你用什么样的态度对待人生，生活就会以什么样的态度来对待你。你消极，生活就会暗淡，你积极向上，生活就会给你许多快乐，你就能摆脱困境。

心理学家指出："如果你要改变自己，重塑迷人的魅力，就应该从两方面着手，一是心态，二是行为动作。"心态，就是你对待事物的心理态度，这因人而异，有的乐观向上，有的消极悲观，你的改变就是要保持乐观向上的心态，抛弃消极悲观的心态。

快乐是迷人的，它带给人信心和欢笑，让人感觉不到一丝忧郁和悲哀，感受到的只有美好生活带来的称心如意，其实快乐是可以营造的，有几条建议不妨一试。

1．学会喜欢自己

据研究，拥有健康和自尊心理的人，在面对挫折时表现得较为坚强。通过设定切实可行的目标来把握自己的生活。偶尔休息几天，花上几个小时独享宁静时光，换上一副快乐的笑脸——即使你并不感到快乐。

2．不要指望用金钱买到快乐

人们赚取金钱的实际数量对快乐与否并无多大影响，关键是对自己的收入是否感到心满意足。

3．珍惜每一时刻

快乐来自每天发生的一件件小事，而不是源于偶尔的几件带来好运的大事。

4．建立良好的人际关系

友谊是你良好的人际关系的体现，保持良好的人际关系会使你快乐无限。如你已结婚，与你的配偶保持良好关系就更是重中之重。

5．锻炼

有氧锻炼如散步、跑步和游泳等，可起到矫治轻度忧郁和焦虑症、增添快乐的作用。

6．睡眠充足

充足的睡眠可使身体重新“充电”，对保持头脑清醒和减轻低落情绪至关重要。

7．将出现的问题看成是锻炼自己的机会，列出妨碍你前进的压力

将问题按“是什么—为什么—怎么办”的顺序分解，而后试着去处理，以此要求自己发挥出最大的创造力。无论身处何种紧张的境况，都应学会使自己处于放松的状态，以肯定代替否定，以建设性的帮助代替没有帮助的批评。采用深呼吸、保持心境平和的方法使自己安静。

乐观是一个人在生活中最需要的一种良好情绪。永远抱着一种乐观心态的人，她的日子一定是充满阳光的。

眼光是为了看到现时的喜乐

我们的眼光是为了看到现时的喜乐而存在的，如果始终将目光停留在消极之处，那么你只会变得越来越沮丧、自卑，无缘无故给自己增添烦恼，还会影响你的身心健康。结果，你的人生就可能被失败的阴影遮去它本该有的光辉。悲观失望的人在挫折面前，会陷入不能自拔的困境。乐观向上的人即使在绝境之中，也能看到一线生机，并为此释然。

尤利乌斯是一个画家，而且是一个很不错的画家。他画快乐的世界，因为他自己就是一个快乐的人。不过没人买他的画，因此他想起来会有点伤感，但只是一会儿。

他的朋友们劝他：“玩玩足球彩票吧！只花两马克便可赢很多钱！”

于是尤利乌斯花两马克买了一张彩票，并真的中了彩！他赚了50万马克。

他的朋友们都对他说："你瞧！你多走运啊！现在你还经常画画吗？"

"我现在就只画支票上的数字！"尤利乌斯笑道。

尤利乌斯买了一幢别墅并对它进行了一番装饰。他很有品位，买了许多好东西：阿富汗地毯、维也纳橱柜、佛罗伦萨小桌、迈森瓷器，还有古老的威尼斯吊灯。

尤利乌斯很满足地坐下来，他点燃一支香烟静静地享受他的幸福。突然他感到好孤单，便想去看看朋友。他把烟往地上一扔，在原来那个石头做的画室里他经常这样做，然后他就出去了。

燃烧着的香烟躺在地上，躺在华丽的阿富汗地毯上……一个小时以后，别墅变成一片火的海洋，它完全烧没了。

朋友们很快就知道了这个消息，他们都来安慰尤利乌斯。

"尤利乌斯，真是不幸呀！"他们说。

"怎么不幸了？"他问。

"损失呀！尤利乌斯，你现在什么都没有了。"

"什么呀？不过是损失了两个马克。"

朋友们为了失去的别墅而惋惜，可是尤利乌斯却不在意，正如他所说的，不过是两个马克，怎么能够影响他正常的生活，让他陷入悲伤之中呢？由此可见，事情本身并不重要，重要的是面对事情的态度。只要有一双能够发现美好事物的眼睛，有一颗保持乐观的心，那么即使是再悲惨的事情，也不会让我们悲伤。

我们都有这样的感受：快乐开心的人在我们的记忆里会留存很长的时间，因为我们更愿意留下快乐的而不是悲伤的记忆。每当我们回想起那些勇敢且愉快的人时，我们总能感受到一种柔和的亲切感。

19世纪英国较有影响的诗人胡德曾说过："即使到了我生命的最后一天，我也要像太阳一样，总是面对着事物光明的一面。"到处都有明媚宜人的阳光，勇敢的人一路纵情歌唱。即使在乌云的笼罩之下，他也会充满对美好未来的期待，跳动的心灵一刻都不曾沮丧悲观；不管他从事什么行业，他都会觉得工作很重要、很体面；即使他穿的衣服褴褛不堪，也无碍于他的尊严；他不仅自己感到快乐，也给别人带来快乐。

千万不要让眼光停留在消极之处，让自己心情变得越来越消沉，一旦发现有这种倾向就要马上避免。我们应该养成乐观的个性，面对所有的打击我们都要坚韧地承受，面对生活的阴影我们也要勇敢地克服。要知道，任何事物总有光明的一面，我们应该去发现光明、美好的一面。垂头丧气和心情沮丧是非常危险的，这种情绪会减少我们生活的乐趣，甚至会毁灭我们的生活。

Chapter 23

心满意足不只从荣耀中获得

别给生活加注过多的期望

杨澜在美国做《杨澜视线》的一期关于老年人的节目时，特别查阅了很多相关的资料，其中一项资料显示：据美国官方统计，70岁以上的华裔老人的自杀率是白人老人的十倍。惊诧之余，杨澜说道："我个人认为，这固然与华裔老人经济状况的相对贫困有关，但精神方面的因素恐怕起到了决定性的作用。自杀与绝望相连，绝望又是失望的积累。而失望呢，就会牵扯出原本的期望。"不少华裔老人对自己晚年的期望往往依赖于子女对他们的态度，诸如是否与子女住在一起、子女是否孝顺，等等。而美国人的家庭似乎就是为两个人准备的，儿女只是中间十几年的过渡。儿女一旦成人，经济上就与父母绝对分开，父母老了不会指望子女亲身照顾，孩子只是偶尔来探访一下。

这里我们且不探讨养老观念的问题，只说说人生期望的问题。我们要追求更好的生活、更高的生活意义，就要对人生抱有期望，但过高的期望往往会适得其反，导致过多的失望，从而使我们对生活丧失信心。

在我们的生活中，人人都希望自己的生活能够更加完美，事事都朝自己期望的方向去发展，但这无疑是个奢求，总有些期望会落空，总有些事无法遂人心愿。

有个叫伊凡的青年，读了契诃夫的“要是已经活过来的那段人生，只是个草稿，有一次誊写，该有多好”这段话，十分神往，便打了份报告递给上帝，请求在他的身上做个试验。上帝沉默了一会儿，看在契诃夫的名望和伊凡的执著分儿上，决定让伊凡在寻找伴侣一事上试一试。

到了适婚年龄，伊凡碰上了一位绝顶漂亮的姑娘，姑娘也倾心于他，伊凡感到非常理想，他们很快结成夫妻。不久伊凡发觉姑娘虽然漂亮，可她一说话就“豁边”，一做事就“翻船”，两人心灵无法沟通，他把这一次婚姻作为草稿抹了。

伊凡第二次的婚姻对象，除了绝顶漂亮以外，又加上绝顶能干和绝顶聪明。可是也没多久，他发现这个女人脾气很坏、个性极强，聪明成了她讽刺伊凡的“利器”，能干成了她捉弄伊凡的手段，他不像她的丈夫，倒像她的牛马、她的工具。伊凡无法忍受这种折磨，他祈求上帝，既然人生允许有草稿，请准予三稿。上帝笑了笑，也允了。

伊凡第三次成婚时，他妻子的优点，又加上了脾气特好一条，婚后两人和睦亲热，都很满意。半年下来，不料娇妻患上重病，卧床不起，一张病态黄脸很快抹去了年轻和漂亮，能干如水中之月，聪明也一无是处，只剩下了毫无魅力可言的好脾气。

从道义角度看，伊凡应与她厮守终生；但从生活角度看，无疑是相当不幸的。人生只有一次，一次无比珍贵，他试探能否再给他一次“草稿”和“誊写”。上帝面有愠色，但想到试点，最后还是宽容他再作修改。

伊凡经历了这几次折腾，个性已成熟，交际也老练，最后终于选到了一位年轻漂亮能干温顺健康要怎么好就怎么好的“天使”女郎。他满意透了，正想向上帝报告成功，向契诃夫称道睿智，不想“天使”竟要变卦：她了解了伊凡是一个朝三暮四、贪得无厌、连病中人也不体恤的浪荡男人，提出要解除婚约。上帝很为难，但为了确保伊凡的试点，未允。

“天使”说，我们许多人被伊凡作了草稿，如果试验是为了推广，难道我们就不能有一次草稿和誊写的机会？满腹狐疑的伊凡，正在人生路上踟蹰，忽见前方新竖一杆路标，是契诃夫二世写的：“完美是种理想，允许你修改10次也不会没有遗憾！”

过分苛求事事遂心只能带给自己终身遗憾，我们要想活得轻松，就不能给生活加注过多的期望。万事如意只是一个理想，对美好状态的向往让我们更有勇气和信心去面对生活。但我们不能把完美作为奋斗的标尺，要学会去接受有缺憾的世界。只有这样，才能享受到生活的轻松，从平凡中体味到生命的美好与可贵。

智慧女人不抱怨

电影《我爱露西》中有这样一个场景：瑞奇·里卡多每天下班回家，走进屋的第一句话就是：“嗨，露西，我回来了。”我们也经常这样跟家人打招呼：“嗨，亲爱的，我回来了。”“嗨，妈妈，我回来了。”可是，这后面往往还加了一句：“可是我的头（背、胃、腿）好疼。”

抱怨已经成了我们大多数人的生活方式之一，我们希望借此引起别人的注意，让别人接受我们的观点，或者由此来打开话匣子。我们总是在抱怨，却常常以为自己是一个积极的、乐观的、优秀的人。其实，在我们开始说出自己的不满，宣泄自己的痛苦，对自己表示怀疑的时候，我们就已经开始抱怨了，也就是说，因为这些抱怨，我们已经逐渐远离了优质的生活，远离了让自己走向优秀的机遇。

不抱怨是几乎所有成功者共同的特质，杨澜也不例外，她对自己的生活很少抱怨，总是想到令自己满足的一面："我是个极顺利的人：生长在一个和睦温馨的知识分子家庭，在全国一流的大学里接受教育，尚未毕业就开始了令许多人羡慕的荧屏生涯，而且一上手就主持了重点栏目并很快得到了全国观众的肯定，又有机会在美国著名的大学里进行深造。一个人还能向命运要求什么呢？"

看到这里，可能有人要说，杨澜不抱怨是因为她确实足够幸运，没有什么可抱怨的。然而事实上，无论是谁都不可能一帆风顺，他们所遭遇到的挫折和困难可能并不比你少，只是他们善于把眼光放在阳光的一面。而那些终日抱怨连连的人，他们的生活也不一定真的非常糟糕，只是他们陷入抱怨的惯性，看不到生活美好的一面。

每个人的身上都有着一种共性，那就是希望引起别人的注意，得到别人的认可，并且会想尽办法引起别人的注意。优秀的人，已经从自己的成绩中得到了满足，所以他们不会再给自己找寻任何的理由和借口，他们的行动就已经获得了人们的关注。

相比之下，那些平庸的人同样有渴望关注的心，可是他们没有向人炫耀的资本，也没有能够引起别人注意的光环，所以他们选择了这种抱怨的方式，妄图从中得到好处，告诉别人他之所以没有取得成绩是因为存在着那么多不可控的因素；不是他自己不努力，而是现实的环境过于苛刻，他无能为力，所以只能将成绩拱手让给了别人。他们希望从别人那里得到同情，这样，即使没有优秀的人那么耀眼，最起码不会因为自己的失败或平庸而被人们踩在脚下。

抱怨就好像是一场疾病，优秀者远离它，是因为害怕它会阻碍自己的计划，耽误自己的发展；平庸者渴望它，是因为在病中他们可以适当地偷懒，并且给自己的不努力找到一个十分恰当的借口，从而减轻内心的自责。因为这样不同的心理，即使面对同样的处境，优秀者和平庸者也会产生不同的态度。

古罗马有这样一则寓言：

在遥远的过去，两条河流从源头出发，相约流向大海。它们穿过山涧，最后到了沙漠的边缘。面对浩瀚的沙漠，它们一筹莫展。

一条河说："这样热的天气，我们的水很快就会蒸发掉了。这里这么干，我们是无论如何也不能通过的。"于是，它干脆停下了向前的脚步，宁可在沙漠中被蒸发掉，也不做无谓的牺牲了。"

另一条河却想：只要将水流变细，就可以减少蒸发，只要努力，就一定能流向大海。按照它自己的方法去做，很快地，它与大海相遇了。

面对困境，平庸者总是抱怨环境的恶劣，给自己找寻各种理由停止追求的脚步，而优秀者不会为抱怨所累，他会想出解决问题的办法，并且坚持到底，直到克服困难，取得胜利。

宽容地讲，抱怨实属人之常情。然而抱怨之所以不可取在于：抱怨等于往自己的鞋里倒水，只会使自己以后的路更难走。抱怨的人在抱怨之后不仅让别人感到难过，自己的心情也往往更糟，心头的怨气不但没有减少，反而更多了。常言道：放下就是快乐。与其抱怨，不如将其放下，用超然豁达的心态去面对一切，这样迎来的将是另一番新的景象。

人生没有完美，只有完整

黑格尔说过："在纯粹光明中就像在纯粹黑暗中一样，看不清什么东西。"人人都热爱光明，但绝对的光明是不存在的。如果真出现了绝对的光明，那也就无所谓光明与黑暗了，人们将如同在绝对的黑暗中一样。因此，万事都有缺陷，没有一个是圆满的。人世间做人做事之难，也在于任何事都很少有真正的圆满。但正是有这种不完满的存在，我们才有了丰富多彩的人生。

我们可以这样说，人生的剧本不可能完美，但是可以完整。当你感到了缺憾，你就体验到了人生五味，你便拥有了完整人生——从缺憾中领略完美的人生。

人生在世，起初谁都希望圆满：读书能上自己理想的学校，念自己喜欢的专业，做自己擅长的工作，娶（嫁）自己中意的人……然而，我们绝大多数人经历的也许是这样的生活：上了一个还不错的学校，学了一个不算讨厌的专业，干了一份糊口的工作，和一位还说得过去的人相伴一生。与原来的设定难免会有巨大的悬殊，无论是王侯将相还是贩夫走卒，所有人的人生都会有遗憾、都不会圆满。完美永远只存在于我们的想象中，它是我们的愿望，但却不可实现。

有时候，一时的丰功伟绩，从历史的角度看，却恰恰相反。乾陵有一块"无字碑"，也称丰碑，是为女皇武则天立的一块巨大的无字石碑。据说，"无字碑"是按武则天本人的临终遗言而立的，其意无非是功过是非由后人评说。武则天辉煌一时，临终前在经历了被逼退位之后，便预见到她身后将面临的无休止的荣辱毁誉的风风雨雨。所以做人做事，不管成功也好、失败也好，能不管成功与失败，做到没有后患的，只有最高智慧的人才能够做到，普通人不容易做到，这就是人生在世的最高处。

世上难有真正的圆满，不妨换个角度来看一时的缺陷与失落。台湾作家刘墉先生写过这样一则故事：

他有一个朋友，单身半辈子，快50岁了，突然结了婚，新娘跟他的年龄差不多，徐娘半老，风韵犹存。只是知道的朋友都窃窃私语："那女人以前是个演员，嫁了两任丈夫都离了婚，现在不红了，由他拾了个剩货。"话不知道是不是传到了他朋友耳里。

有一天，朋友跟刘墉出去，一边开车，一边笑道："我这个人，年轻的时候就盼着开奔驰车，没钱买不起，现在呀！还是买不起，买辆二手车。”他开的确实是辆老车，刘墉左右看着说：“二手？看来很好哇！马力也足。”

“是啊！”朋友大笑了起来，“旧车有什么不好？就好像我太太，前面嫁了个四川人，又嫁了个上海人，还在演艺圈二十多年，大大小小的场面见多了，现在老了，收了心，没了以前的娇气、浮华气，却做得一手四川菜、上海菜，又懂得布置家。讲句实在话，她真正最完美的时候，反而都被我遇上了。”

“你说得真有理，”刘墉说，“别人不说，我真看不出来，她竟然是当年的那位艳星。”“是啊！”他拍着方向盘，“其实想想自己，我又完美吗？我还不是千疮百孔，有过许多往事、许多荒唐？正因为我们都走过了这些，所以两个人都成熟、都知道让、都知道忍，这种‘不完美’正是一种‘完美’啊！……”

“不完美”正是一种“完美”！我们老了，都锈了，都千疮百孔，总隔一阵子就去看医生，来修补我们残破的身躯，我们又何必要求自己拥有的人、事、物，都完美无瑕、没有缺点呢？

我们每一个人的生命，都被上苍划了一个缺口，虽然你不想要这个缺口，但是这个缺口却如影随形地跟着你。人生就像是一个残缺不全的圆，没有一个人是生活圆满的，也许正是因为认识到了每个生命都有欠缺，所以我们的人生才因此而更加美丽。正如美神维纳斯的断臂，她的存在和闻名世界不能不说是一个意外。创作者的最初的意图显然是要塑造一个完美的塑像，哪个雕塑家会去追求一件残缺的艺术品来证明自己？！然而维纳斯的断臂则恰恰证明了残缺的美才是真正的完美。

人生如远行，走哪一条路都意味着放弃另一条路。不同的人生道路留下不同的缺憾，诸葛亮有诸葛亮的缺憾，贾宝玉有贾宝玉的缺憾。犹如夜幕里蕴藏着光明，缺憾之中不仅埋藏着逝去的青春和曾经的梦想，缺憾的背后还隐伏着许多生命的契机。

缺憾人生，使人类有了理想。理想，是一种可望而不可即的东西。或者说，就它的不能实现性而言才是理想。人生有缺憾，我们才有追求完美的理想和热情，也只有接受人生的缺憾性，我们才能真正理解和追求完美人生。

每个人在人生的旅途中，都会经历许多不尽如人意之事。偶然的失落与命运的错失本来是具有悲剧色彩的，但是因为命运之手的指点，结局反而会更加圆满。如果懂得了圆满的相对性，对生命的波折、对情爱的变迁，也就能云淡风轻、处之泰然了。

人活一世，每个人都在争取一个完满的人生。然而，自古及今，海内海外，一个百分之百完满的人生是没有的，其实，不完满才是人生。正如西方谚语所说："你要永远快乐，只有向痛苦里去找。"你要想完美，也只有向缺憾中去寻找。所以得失荣辱我们大可不必放在心上，有了痛苦我们才会珍惜快乐的时光，有了不算完满的人生才称得上完美。

人生原来就是不圆满的，能够认识到这一点，我们便不会去苛求我们的人生，也不会去苛求他人。只有一个懂得接受的人才会更懂得去珍惜。

感恩是上帝赐给我们的良药

感恩是一种美好的情感，它可以使女人变得美丽，拥有内在的幸福，同时留住时间的脚步，让女人变得更年轻。

很多女人才貌双全，拥有让人羡慕的家境和学历，但她们却并不快乐。无论物质的给予是多么的丰厚，她们都不会感到满足和幸福。而不幸福的人，往往容易被时间催老，淡忘生活的意义。

其实，幸福是一种感觉，虽然有外在的因素，但更多地取决于自己的内心。拥有感恩的心才是快乐的秘诀。对生活拥有一颗感恩的心的女人，即使物质生活再贫穷，也可以拥有很多的快乐。感恩的心不是天生就有的，它是后天培养的。如果你想做一个快乐的女人，请从拥有一颗感恩的心开始吧。

有这样一个故事：

“你为什么哭呀？”男孩小童问他的妈妈。“因为我是个女人。”她告诉小童。“我不明白。”小童说。小童的妈妈只是搂紧了他说：“你永远也不会明白……”后来小童问他的父亲：“为什么母亲无缘无故地哭？”“所有女人都会无缘无故地哭。”他的父亲只能这样说。小童还是没有弄明白女人为什么哭……

最后他给上帝拨了个电话。当上帝接到电话时，问：“上帝，为什么女人那么容易哭？”上帝说：“当我创造女人时，她必须是特殊的，我让她的肩膀坚强得足以承担这个世界的重量，但又足够温柔地给人慰藉。我给她内在的力量以承受分娩的剧痛，又忍受孩子们一次又一次的厌弃……我给她坚韧使她在人人都放弃时，能独自坚持下去，不顾自身的疲惫和病痛，毫无怨言地照料家人……我给她敏感的心去毫无条件、毫无保留地爱她的儿女，即使他们深深伤害过她……我给她力量让她帮助丈夫克服他的过失，我用他的一根肋骨造出了她来保护他的心。我给她智慧让她明白，好丈夫永不伤害妻子，但有时会考验她的力量，考验她坚决站在他身旁的决心。我给她眼泪，这眼泪只属于她，需要时便会流下，这是她唯一的弱点。这是为人类而流下的泪水……”

这是一个很美的故事。女人总爱流泪，因为问题、烦恼、痛哭……但在故事中泪水成为上帝赐予女人的礼物，是为感受这个世界而得到的美好礼物。如果一个女人不能够经受世界的考验，感受这个世界的美好，心胸只能容得下私利，那她就得不到幸福。

如果你要想拥有美好的生活，就应培养感恩的心。当然，感激不是天生就有的，它是培养出来的。我们只注意我们需要什么，很少注意这些东西是别人付出多少代价换来的。生命的整体是相互依存的，世界上每一样东西都依赖其他一样东西。父母的养育，师长的教诲，配偶的关爱，他人的服务，大自然的慷慨赐予……你从出生那天起，便沉浸在恩惠的海洋里。只有你真正明白了这个道理，你才会感恩大自然的福佑，感恩父母的养育，感恩社会的安定，感恩食之香甜，感恩衣之温暖，感恩花草鱼虫，感恩苦难逆境。就连自己的敌人，也不忘感恩，因为真正促使自己成功，使自己变得机智勇敢、豁达大度的，不是顺境，而是那些常常可以置自己于死地的打击、挫折和对立面。

女人应该知道，幸福的童年是父母给的，丰富的知识是老师给的，愉悦的笑声是朋友给的。体验了人生，还应尝试着体验感恩。鸦有反哺之义，羊有跪乳之恩。人也应有一颗感恩的心。人的一生，应该用一颗感恩的心去对待。对父母要感恩，因为他们给予我们生命，让我们健康成长；对师长要感恩，因为他们给了我们教诲，让我们懂得思考；对朋友要感恩，因为他们给了我们友爱，让我们在孤寂时看到希望和阳光。

在我们渐行渐远的脚印里，生命的成长因为感恩而表现得更为坚定和自信；学会感恩，心存感恩，在心的晴空里，太阳就会演绎出许多新的故事，和风细雨就能编织出唯美的篇章。

一个心胸开阔的女人，当她意识到上天的赐予有多丰厚时，她会真正地谦卑起来，她会感激别人对她所作的贡献。任何人都应该想起她从别人那儿接受的东西有多少，以一颗感恩的心使自己幸福、快乐。有了感恩之心，人与人之间才会变得和谐、亲切，而这种感恩之心也会使我们变得愉快和健康。

Chapter 24

找到属于自己的幸福秘诀

以适合自己的方式生活

人们常说："婚姻就像鞋子，合不合适只有脚知道。"生活也是如此，生活得舒服不舒服也只有自己知道。但在生活中，一个人的生活方式却常常无端受到旁人的指指点点。作为名人的杨澜更加不能幸免。在杨澜和吴征结婚时，就有朋友提醒他们："肯定会有人说闲话的，说你们一个有名，另一个又是做生意的。"果不其然，不久就有传闻说杨澜嫁给一个又矮又丑的老华侨，还要神秘地加上一句："不过，听说很有钱。"杨澜不无气愤地说："这些人的想象力的确不太丰富。"吴征却劝她说："我们自己开心就行了。"的确如此，我们生活是为了自己，而不是生活给别人看的。所以，只要选择适合自己的生存方式就好，没必要受别人的影响而改变自己。

第二次世界大战之火直逼英国时，丘吉尔临危受命，肩负起战时首相和三军最高统帅的重任。他凭着智慧和勇气，不但打败了敌人，也征服了自己。如果那个世界没有他的话，将失去多少光彩啊！同时，这位叱咤战场的风云人物也是世界政治明星中少有的寿星，在人间天堂里漫游了90多个春秋。

有人说，丘吉尔是政治家中最贪图享受的一个。他奢华的生活饱受争议，但已成为他的一个标签。平时，他乐于穿戴高级华丽的衣着，也喜爱精美的佳肴，更愿意有美丽的女郎与他相随。即使是在他行将就木前，也没有忘记要上一杯上等白兰地，一饮而尽，啜饮最后一滴人生的甘美。

他的妻子克莱门坦·丘吉尔直言不讳地说，她的丈夫贪图享受，这种欲望十分强烈。谁要是能给予他所喜爱的舒适环境和东西，他都会接受其款待。

早年他花了5000英镑买下一座高雅的住宅，又花了近2万英镑进行了装饰和整修。后来丘吉尔又将宅第建成一个迷人的"世外桃源"，有碧波粼粼的湖泊，匠心独运的花园，池塘里游着各色大金鱼。他还多次坐上豪华的大型游艇"克里斯蒂纳号"出游，艇上的设备之奢华、舒适令人咋舌，而且每次出游都备有充足的精美食品和各式美酒，供他沿途享用。

他的家庭日常开支大得惊人。他长年坚持写作，挣得高额稿酬，用笔来维持这种生活。他的女儿曾说："我们整个家庭开支靠的是爸爸的稿费。"就是出游期间，丘吉尔也没有改变追求舒适生活的习性。有一年，丘吉尔应美国总统罗斯福之邀访美，下榻于白宫皇后卧室，这是一个装饰美观、设备讲究的豪华型居室，有一张十分合适的床，丘吉尔很是满意。

又有一次，丘吉尔被安排在白宫的林肯卧室下榻，一般来说，最高贵的客人才有资格享受这种荣誉和待遇。然而，林肯卧室除了具有特殊的纪念意义外，仍旧保持着19世纪中叶林肯当政时的简朴风格，床铺也很普通，丘吉尔无法在这种简陋的环境中安睡。当晚，他只睡了半个小时就忍受不住了，爬了起来，不顾礼貌和体面，穿着一身睡衣，拎着手提箱，踮起脚尖，从林肯卧室穿过大厅，自行搬进了皇后卧室。

他对洗澡也有特殊的要求，浴缸里必须放上2/3的水，水温得控制在37℃。他在浴缸中像海豚一样翻身。晨浴一结束，仆人马上将果酱和一杯优质的苏格兰威士忌放到他伸手可及的地方，好让他躺在床上，一边阅读，一边尽情地饮用。晚上七点钟，丘吉尔洗一天中的第二次澡，稍作休息后就享受丰盛的晚餐。据说，在战争期间，不管战事如何激烈，他总是带着一个锡质的浴盆上前线。

丘吉尔一生身体健康，精力充沛，著作丰富，爱好消遣，喜欢享受生活的甘美。他漫长坎坷的一生，是创造的一生，也是按自己的方式快乐生活的一生。

可见，按照适合自己的方式生活，可以为我们的人生带来无尽的快乐。人生是一条单行线，生活不是试跑，也不是正式比赛前的准备活动，生活就是生活。年轻人要为自己选择一种适合自己生活的方式。这样，按照自己的方式生活，才能拥有自己生活的喜悦，享受自己生命的快乐，这样的人生才是真实而幸福的人生。

拥有爱好是我们宝贵的权利

每个人都有自己的偏爱和喜好，只是很多人在成家立业后，由于生活的种种琐事，而渐渐丢掉了自己的爱好。其实，经常抽出一点时间来培养和从事一项自己的业余爱好，做一些自己喜欢做的事情，不仅有助于我们身心的愉悦，减轻我们生活中的压力，而且还可以为我们忙碌的生活增添一份情趣。

提起爱好，杨澜的最爱是旅游，她曾很多次提到："我爱旅游，理想之一是周游世界，搞明白这世界到底是怎么回事。这也是在大学时代养成的癖好。"她还曾回忆起自己在大学时第一次在没有父母的陪伴下外出旅游的经历："记得当时省下奖学金和勤工俭学的几百元钱，要和一位女同学一起去武夷山。父母不答应，说两个女孩子，出门太危险。于是我抬出这位同学在合肥的亲戚，说他可以陪同我们上黄山（有亲戚是真，但到了黄山脚下，还是只剩我们两个人）。软磨硬泡，终于说动了父母。当我们坐上南下的火车，那个高兴劲儿啊，真是难以形容！"

是啊，这种难以形容的兴奋劲儿，只有人们在从事自己热爱的事情时才会产生。做自己喜欢做的事，可以让你忘记周围的一切烦心事，让心情彻底放松。

安娜是一家知名公司的经理，尽管自己的事业非常辉煌，但她总感觉到自己生活中缺了点什么东西似的。后来，她想起了小时候的爱好——画画。于是她开始每天抽出一个小时作画，用心体会画画所带给她的心灵的舒适。

为了保证这一小时不受干扰，唯一的办法就是每天早晨五点前就起床，一直画到吃早饭。安娜后来回忆说："其实那并不算苦，一旦我决定每天在这一小时里学画，每天清晨这个时候，就怎么也不想再睡了。"她把楼顶改为画室，几年来她从未放过早晨的这一小时，而时间给她的报酬也是惊人的。她的大量油画在画展上出现，她还举办了多次个人画展，其中有几百幅画以高价被买走了。她把这一小时作画所得的全部收入变为奖学金，专供给那些搞艺术的优秀学生。她说："捐赠这点钱算不了什么，只是我的一半收获。从画画中我所获得的启迪和愉悦才是我最大的收获！"

"琴书诗画，达士以之养性灵"，寄情于水墨丹青之中，沉浸于那洒满墨香的氛围之中，你的心胸会顿觉舒畅，感受艺术之美的同时感受生命之美，生活中一切不快便会"不放自下"。如果你还不能肯定你真正喜欢什么，可以回忆一下年轻的时候，在养家糊口这种实际的生活打断你的浪漫之前，有什么曾引起你的兴趣？

汉斯从小就对赛车感兴趣。他常偷偷钻进家附近的赛车场，大饱眼福。后来，他成了一名飞行员。退休后，他开始购买老赛车，其中包括一辆1948年的A级方程式赛车，时速可达147英里。汽车现在成为他的新宠。他玩车，也保养车，然后再到处寻找新的"猎物"。

洛塔尔记得，自长大后就没离开过网球拍。在高中他是校网球队队长，在哈佛大学也是一样。他常常为了挣点零花钱而参加巡回表演赛。后来他成为一家公司的副总裁，但他从来没有放弃过对网球的热爱。退休后不久，他就加入了美国网球协会。

可见，拥有一项属于自己的业余爱好，不仅能够缓解生活中的压力和苦闷，也是一种增进人生体验、挖掘生活乐趣的好方法。

学会放松，化解压力

杨澜在哥伦比亚大学研究生院读书的第一个学期，由于开始时追求刺激，选了太多的学分，结果不仅半年的时间没有了所谓的周末。期末考试时更是忙得不可开交——"每天不足四个小时的睡眠，使白天和黑夜的区别不再有意义。连滚带爬地熬过这'黑色双周'，神经已磨成细细的一根，绷得透明。"考试过后，杨澜便把所有的书都塞进柜子，大睡三天后，收拾行装到一个叫维尔的地方滑雪，放松自己。

"生平第一次。蓝天、雪山、松林、麋鹿，来不及惊呼，心中所有的禁锢在一瞬间瓦解，我大口呼吸着科罗拉多高山的空气，它湿润寒冷，微微刺痛着喉咙，却让我有说不出的快感。我没有缘故地放声大笑，几乎吓着了自己……一滑就是五公里，心情松快得像雪花。这才知道雪中的景致和雪中的心情才是滑雪的真正乐趣。”这是杨澜在经过长期的埋头苦读，紧绷的神经得到放松时最真实的感受。

现代生活中，事业和家庭的双重责任让很多人无法承受。诅咒压力、憎恶压力，在压力中消沉，甚至在压力中崩溃，选择一些极端的解决方式。这样的例子都不胜枚举。

压力到底是一种什么样的东西，可以有如此大的摧毁力。压力来自方方面面，工作的繁重、生活中的各种琐事、情感纠葛、人际紧张都可能造成压力，让你感觉到一种“备战状态”，精神高度紧张，随时等待着灾祸的发生。绝大多数社会人都面临着相似的境况，尤其是金融危机来临之后，大家都在担心自己的饭碗能否保得住、高额的房贷如何偿还、父母子女等待供养……可以说，承受着压力是一个现代人的常态。但问题是，一些人似乎能够承受，而另一些人却被压力击垮。究其原因，外部压力的大小只是很小的一部分原因，更大的原因来自于自我。

其实完全没有心理压力的情况是不存在的。如果你的生活失去了压力，那么“空虚”就会找上门来。无所事事，对生活失去兴趣的状态比高压状态更加不利于你的心理和生理健康。其实有很多生活在高压中的人能够笑面压力。

我国知名的心理咨询专家曾奇峰先生说过：心理压力是魔鬼与天使的混合体。一方面它就像是能带给人心灵的和躯体的双重伤害的魔鬼；而另一方面，压力又能让我们保持较好的觉醒状态，智力活动处于较高的水平，可以更好地处理生活中的各种事件。

压力是一种常态，不会与压力相处的人会打破这种状态，而让自己的精神和身体陷入崩溃的边缘。如何与压力相处，关键是承受者的心态和耐力。所以，与其在压力来临时诅咒它，不如从自身做起，改变心态，增强承受力。更重要的是找到适合自己的放松方式，轻松化解压力。

你也可以试试以下化解压力的方法：

1．罗列出具体的压力源

你可以仔细思考自己到底有哪些压力，它是来自工作、生活、交际还是其他方面，把让你感到困难的事情仔细写出来。一旦写出来以后，你就会发现了解自己的具体所想就能化解掉一半的压力。

然后为这些事情排一个序，哪些是你必须马上要解决的，哪些是可以稍微放缓一下的。从重点开始逐个击破。

2．自我心理暗示

通过积极的自我心理暗示，如告诉自己“这些都不算什么，我可以轻松解决”，或者训练思维“游逛”，如想象着“蓝天白云下，我坐在平坦如茵的草地上”，“我舒适地泡在浴缸里，听着优美的轻音乐”。这些积极的暗示都能在短时间内让你平复心情，获得一些轻松之感。

3．用运动来解压

适当的运动能够使人心情舒畅，像我们上文中说到的，杨澜就是采取滑雪的方式来缓解繁重学业所带来的压力的。人在运动时，身体能够得到舒展和放松，大口地呼吸新鲜空气，心理上也会产生相应的畅快感，是一种不错的减压方式。

4．为压力寻找合理的解释

这个方法是在你明确压力来自什么方面以后采取的，目的是增强心理承受能力。比如说，当你在繁重的工作中与同事产生纠纷，感觉到对方更增添了你的工作压力。这个时候你不妨想一想对方的处境，他可能最近面临着什么困境，所以情绪不稳定，因而在与你的合作中产生了摩擦。这样一想，你就会觉得心里平和多了。

5．寻求支持

当你觉得自己的心理压力过大，已经快超出承受范围的时候。可以适当地向亲戚、朋友、心理医生求助。倾诉可以缓解你的精神紧张，千万不要一个人硬撑。其实承认自己在一定时期软弱，然后通过外部有益的支持降低紧张、减弱不良的情绪反应是明智之举。

总而言之，压力是客观存在的。你不可能减掉所有的压力，但是把压力放在沙漏里，让它一点一点地囤积，又一点一点地漏下，你的生活就能找到平衡，心情也能归于平静。

亲近自然，享受诗意人生

杨澜是一位在事业上成功的女性，但她并不是一个只会埋头干活的“工作狂”，到大自然中放松身心，寻找自我，体会生命的本真和美好，享受诗一样的人生是杨澜最大的享受。她曾多次谈到自己在与大自然的交往过程中所感受到的心灵的愉悦和灵魂的震颤。当她与丈夫到桑托林岛旅行时，在碧海青天之间感到灵魂霎时得到了净化，他们相约，以后在世俗的岁月里感到疲累烦闷时，再去那里净化心灵。

一位得知自己不久于人世的老先生，在日记簿上记下了这样一段文字：

“如果我可以从头活一次，我要尝试更多的错误，我不会再事事追求完美。”

“我情愿多休息，随遇而安，处世糊涂一点，不对将要发生的事处心积虑地算计着。其实人世间有什么事情需要斤斤计较呢？”

“可以的话，我会多去旅行，跋山涉水，再危险的地方也要去一去。以前不敢吃冰激凌，是怕健康有问题，此刻我是多么的后悔。过去的日子，我实在活得太小心，每一分、每一秒都不容有失，太过清醒明白，太过合情合理。”

"如果一切可以重新开始，我会什么也不准备就上街，甚至连纸巾也不带一块，我会放纵地享受每一分、每一秒。如果可以重来，我会赤足走出户外，甚至彻夜不眠，用自己的身体好好地感受世界的美丽与和谐。还有，我会去游乐场多玩几圈木马，多看几次日出，和公园里的小朋友玩耍。"

"只要人生可以从头开始，但我知道，不可能了。"

美国诗人惠特曼说："人生的目的除了去享受人生外，还有什么呢？"林语堂也持同样的看法，他说："我总以为生活的目的即是生活的真享受……是一种人生的自然态度。"

生活本是丰富多彩的，除了工作、学习、赚钱、求名外，还有许许多多美好的东西值得我们去享受：可口的饭菜、温馨的家庭生活、蓝天白云、花红草绿、飞溅的瀑布、浩瀚的大海、雪山与草原等。此外还有诗歌、音乐、沉思、友情、谈天、读书、体育运动、喜庆的节日……甚至工作和学习本身也可以成为享受，如果我们不是太急功近利，不是单单为着一已利益，我们的辛苦劳作也会变成一种乐趣。让我们把眼光从"图功名"、"治生产"上稍稍挪开，去关注一下我们生命、生活中的这些美好吧！

一个6岁的小女孩问妈妈："花儿会说话吗？"

"噢，孩子，花儿如果不会说话，春天该多么寂寞，谁还对春天左顾右盼？"小女孩满意地笑了。

小女孩长到16岁，问爸爸："天上的星星会说话吗？"

"噢，孩子，星星若能说话，天上就会一片嘈杂，谁还会向往天堂静谧的乐园？"小女孩又满意地笑了。

女孩长到26岁，已是个成熟的女性了。一天，她悄悄地问做外交官的丈夫："昨晚宴会，我表现得合适吗？"

“棒极了！”外交官不无欣赏和自豪之情，“你说话的时候，像叮咚的泉水、悠扬的乐曲，虽千言而不繁；你静处的时候，似浮香的荷、优雅的鹤，虽静音而传千言……能告诉我你是怎样修炼的吗？”

妻子笑了：“6岁时，我从当教师的妈妈那儿学会了和自然界对话。16岁时，我从当作家的爸爸那儿学会了和心灵对话。在见到你之前，我从哲学家、史学家、音乐家、外交家、农民、工人、老人、孩子那里学会了和生活对话。亲爱的，我还从你那里得到了思想、智慧、胆量和爱！”

一个优雅快乐的女人，会感受生活，会品味生活中每时每刻的内容。虽然享受生活必须有一定的物质基础，努力地工作和学习，创造财富，发展经济，这当然是正经的事。但是，劳作本身不是人生的目的，人生的目的是“生活得诗意”。一方面勤奋工作，另一方面使生活充满乐趣，这才是和谐的人生。

享受生活，并非花天酒地，或过懒汉的生活。享受生活，是要努力去丰富生活的内容，努力去提升生活的质量。愉快地工作，也愉快地休闲。散步、登山、滑雪、垂钓，或是坐在草地或海滩上晒太阳。在做这一切时，使杂务中断，使烦忧消散，使灵性回归，使亲伦重现，像杨澜一样，把这些当做净化心灵的一种方式。